요점만 배우는 알기 쉬운

선형대수학

| 이규봉 지음 |

KM 경문사

머리말

수학의 어느 분야가 중요하지 않은 것이 없겠지만 특히 선형대수학은 대부분의 수학과에서 필수로 지정할 만큼 매우 중요한 분야이다. 선형대수학은 자연과학과 공학은 말할 것도 없고 경제학, 경영학, 사회학 등 인문사회학 분야에서 필요하다. 특히 요즈음 각광받는 인공지능(AI), 빅데이터 컴퓨팅 그리고 기계학습(Machine Learning) 등을 이해하는 데에도 매우 중요한 과목이다. 현재 시중에 나와 있는 선형대수학 관련 좋은 책들이 많이 있으나 한 학기에 모두 배우기에는 분량이 너무 많다.

이 책에서는 꼭 필요한 부분만 선택해 한 학기 15주에 우리 학생들이 모두 학습할 수 있는 내용을 선별하였다. 그 내용은 다음과 같다.

연립방정식의 해법, 행렬과 벡터, 벡터공간 R^n과 선형변환, 행렬식,
고유치방정식의 해법, 일반적인 벡터공간과 선형변환

순수한 수학적인 면에서 서술하였기에 이 과정을 충분히 습득하면 수학과 다른 분야에서 접하는 선형대수학과 관련된 문제를 이해하는 데 어려움이 없을 것으로 생각한다. 이론을 뒷받침할 예제를 제시하여 풀어주고, 비슷한 형식으로 된 문제를 또 제시하여 학생들이 그 이론을 한 번 더 확인해 볼 수 있게 했다. 또한 한 단원이 끝나면 학생들이 그 단원을 이해했는지 확인해 볼 연습문제도 제시하였다.

두 시간의 이론과 한두 시간의 연습문제 풀이를 통해 한 학기에 선형대수학에 반드시 필요한 내용을 모두 공부할 수 있게 하였다.

이규봉

차례

LINEAR ALGEBRA

제1장

연립방정식과 행렬

LINEAR ALGEBRA

LINEAR ALGEBRA

제1장 연립방정식과 행렬

이 장에서는 변수가 여러 개인 연립방정식을 행렬을 이용하여 표현한다. 따라서 연립방정식의 해를 구하기 위하여 행렬의 성질을 이해해야 한다. 이를 위해 다음과 같은 것들을 설명한다.

- 연립방정식과 해
- 행렬
- 벡터와 내적
- 일차결합(독립, 종속)
- 전치행렬
- 항등행렬
- 대칭행렬
- 노름
- 덧붙인 행렬
- 기본행 연산
- 가우스 소거법
- 사다리꼴 모양
- 가우스–조르당 소거법

1.1 연립방정식과 소거법

미지수 x와 y에 대하여 방정식 $x+2y=10$을 만족하는 $x=4$와 $y=3$을 이 방정식의 해(solution)라 하며 이러한 해는 무수히 많다. 미지수를 임의의 n개로 확대하면

$$a_1x_1 + a_2x_2 + \cdots + a_nx_n = b$$

와 같이 나타낼 수 있다. 여기서 a_i들과 b는 상수이다. 이러한 방정식이 여러 개 모인 방정식을 **연립방정식**(system of linear equations)이라 하며 다음과 같이 표현한다.

$$\begin{aligned} a_{11}x_1 + a_{12}x_2 + \cdots + a_{1n}x_n &= b_1 \\ a_{21}x_1 + a_{22}x_2 + \cdots + a_{2n}x_n &= b_2 \\ \vdots \qquad\quad \vdots \qquad\qquad\quad & \vdots \\ a_{m1}x_1 + a_{m2}x_2 + \cdots + a_{mn}x_n &= b_m \end{aligned}$$

이 연립방정식의 해는 없거나(inconsistent) 또는 있다(consistent). 해가 있는 경우, 단 하나이거나 아니면 무한히 많다. 일반적으로 미지수의 개수(n)가 방정식의 개수(m)보다 많으면 해는 무한히 많고, 적으면 해가 없을 수도 있다. 미지수와 방정식의 개수가 같으면 계수에 따라 단 하나의 해가 있을 수도 있고, 없을 수도 있고 그리고 무한히 많을 수도 있다.

예제 1.1 (1) $\begin{aligned} x+y&=3 \\ x-y&=1 \end{aligned}$ 의 해는 $x=2,\ y=1$ 하나뿐이다.

(2) $\begin{aligned} x+y&=3 \\ 2x+2y&=2 \end{aligned}$ 의 해는 없다.

(3) $\begin{aligned} x+y&=1 \\ 2x+2y&=2 \end{aligned}$ 의 해는 무수히 많다.

문제 1.1 다음 방정식의 해는 몇 개인가?

(1) $\begin{aligned} x+2y&=3 \\ 2x-\ \ y&=1 \end{aligned}$ (2) $\begin{aligned} x+2y&=2 \\ 3x+6y&=2 \end{aligned}$

(3) $\begin{aligned} x+2y&=2 \\ 3x+6y&=6 \end{aligned}$ (4) $\begin{aligned} x+3y&=2 \\ 2x+4y&=2 \end{aligned}$

다음 연립방정식을 살펴보자.

$$\begin{aligned} x+2y+z&=4 \\ 2x+\ \ y\qquad&=3 \\ 4x+y+2z&=7 \end{aligned}$$

이 방정식의 해는 $x=1,\ y=1,\ z=1$이다. 이 방정식의 처음 두 식을 교환하여 얻은 방정식

$$\begin{aligned} 2x+\ \ y\qquad&=3 \\ x+2y+\ \ z&=4 \\ 4x+\ \ y+2z&=7 \end{aligned}$$

의 해도 역시 $x=1,\ y=1,\ z=1$으로 변함이 없다. 즉 연립방정식에 있는 각 방정식의 순서를 바꾸어도 해는 변하지 않는다. 또한 이 방정식의 첫 번째 식의 양변에 0이 아닌 상수, 예를 들어 2를 곱하여 만든 방정식

$$\begin{aligned} 2x+4y+2z&=8 \\ 2x+\ \ y\qquad&=3 \\ 4x+\ \ y+2z&=7 \end{aligned}$$

의 해도 같다. 즉 연립방정식에 있는 한 방정식의 양변에 0이 아닌 상수를 곱하여도 그 연립방정식의 해는 변함이 없다. 이번에는 이 방정식에 있는 처음 식의 양변에 -2를 곱하여 두 번째 식에 더하여 만든 방정식

$$\begin{aligned} x + 2y + z &= 4 \\ -3y - 2z &= -5 \\ 4x + 2y + 2z &= 8 \end{aligned}$$

의 해도 역시 $x=1,\ y=1,\ z=1$이다. 이처럼 연립방정식에 있는 한 방정식의 양변에 상수를 곱하여 그 결과를 다른 방정식에 더하여 얻은 방정식의 해도 변함이 없다.

이와 같이 두 연립방정식의 형태는 다를 수 있으나 해가 같은 경우 두 식은 **동치**(equivalence)라고 한다. 위와 같이 동치가 되는 방법을 반복하여 이용해 주어진 연립방정식의 계수를 소거하여 풀기 쉬운 방정식으로 만들어 해를 구하는 것을 **소거법**이라 한다.

동치인 기본 방정식 연산

(1) 두 방정식을 바꾼다.
(2) 한 방정식에 0이 아닌 상수를 곱한다.
(3) 한 방정식에 상수를 곱하여 다른 방정식에 더한다.

예제 1.2 다음 연립방정식의 해를 소거법으로 구하자.

$$\begin{aligned} x + 2y + z &= 4 \\ 2x + y &= 3 \\ 3x + 2y + 2z &= 7 \end{aligned}$$

풀이 이 연립방정식의 첫 식에 -2를 곱하여 두 번째 식에 더하고, 그 다음 첫 식에 -3를 곱하여 세 번째 식에 더하면

$$\begin{aligned} x + 2y + z &= 4 \\ -3y - 2z &= -5 \\ -4y - z &= -5 \end{aligned}$$

을 얻는다. 다시 이 방정식의 두 번째 식에 -1을 곱한 후 다시 그 식에 $\dfrac{4}{3}$를 곱하여 세 번째 식에 더한 후, 두 번째 식에 $\dfrac{3}{5}$을 곱하면

$$\begin{aligned} x+2y+\ \ z&=4 \\ 3y+2z&=5 \\ z&=1 \end{aligned}$$

이 된다. 맨 아래 식부터 차례로 해를 구하면

$$\begin{aligned} &z=1 \\ &y=(5-2z)/3=1 \\ &x=4-z-2y=1 \end{aligned}$$

이 되어 해는 $x=1,\ y=1,\ z=1$이다. ■

문제 1.2 다음 연립방정식의 해를 소거법으로 구하라.

(1) $\begin{aligned} x+y&=3 \\ x-y&=1 \end{aligned}$

(2) $\begin{aligned} x+2y&=5 \\ 2x+3y&=8 \end{aligned}$

(3) $\begin{aligned} 3x+2y-z&=-2 \\ -3x-y+z&=5 \\ 3x+2y+z&=2 \end{aligned}$

(4) $\begin{aligned} x+2y+z&=3 \\ 3x-y-3z&=-1 \\ 2x+3y+z&=4 \end{aligned}$

미지수의 개수와 방정식의 개수가 같은 경우 해가 단 하나 존재하는 예를 보였다. 일반적으로 미지수의 개수가 방정식의 개수보다 많으면 해는 무한히 많고 미지수의 개수가 방정식의 개수보다 적거나 같으면 해는 없을 수도 있음을 소거법을 이용해 살펴보자.

예제 1.3 다음 연립방정식의 해가 없음을 소거법으로 살펴보자.

$$\begin{aligned} y-4z&=4 \\ 2x-3y+2z&=2 \\ 5x-8y+7z&=2 \end{aligned}$$

풀이 이 연립방정식의 첫 식과 둘째 식을 교환하면

$$\begin{aligned} 2x-3y+2z&=2 \\ y-4z&=4 \\ 5x-8y+7z&=2 \end{aligned}$$

이다. 이 방정식의 첫 식에 $-\frac{5}{2}$를 곱하여 세 번째 식에 더하면

$$\begin{aligned} 2x-3y+2z&=2 \\ y-4z&=4 \\ -\frac{1}{2}y+2z&=-3 \end{aligned}$$

이다. 이 방정식의 세 번째 식에 -2를 곱하면

$$\begin{aligned} 2x-3y+2z&=2 \\ y-4z&=4 \\ y-4z&=6 \end{aligned}$$

이다. 이 방정식의 두 번째 식에 -1를 곱하여 세 번째 식에 더하면

$$\begin{aligned} 2x-3y+2z&=2 \\ y-4z&=4 \\ 0&=2 \end{aligned}$$

이 된다. 세 번째 식이 모순이 되어 이 방정식을 만족하는 해는 없다. ■

예제 1.4 다음 연립방정식의 해가 무한히 많음을 소거법으로 구하자.

$$\begin{aligned} y+z-w&=0 \\ x-y+3z-w&=-2 \\ x+y+z+w&=2 \end{aligned}$$

풀이 이 연립방정식의 첫 식과 둘째 식을 교환하면

$$\begin{aligned} x-y+3z-w&=-2 \\ y+z-w&=0 \\ x+y+z+w&=2 \end{aligned}$$

이다. 이 방정식의 첫 식에 -1을 곱하여 세 번째 식에 더하면

$$\begin{aligned} x-y+3z-w&=-2 \\ y+z-w&=0 \\ 2y-2z+2w&=4 \end{aligned}$$

을 얻는다. 다시 이 방정식의 두 번째 식에 -2를 곱하여 세 번째 식에 더한 후 세 번째 식을 -4로 나누면

$$\begin{aligned} x-y+3z-w&=-2 \\ y+z-w&=0 \\ z-w&=-1 \end{aligned}$$

이다. 마지막 식부터 해를 구하면

$$\begin{aligned} x&=y-3z+w-2 \\ y&=-z+w \\ z&=w-1 \end{aligned}$$

을 얻는다. 맨 아래 식부터 대입하여 해를 구하면

$$x = 2 - 2w$$
$$y = 1$$
$$z = -1 + w$$

이다. 여기서 w는 임의의 수이므로 이 방정식의 해는 무수히 많다. ■

문제 1.3 다음 연립방정식의 해를 소거법으로 구하라.

(1) $\begin{aligned} x - y &= 3 \\ 2x - 2y &= 5 \end{aligned}$

(2) $\begin{aligned} x - y + z &= 3 \\ 2x + y - 4z &= -3 \end{aligned}$

(3) $\begin{aligned} x - y + z &= 4 \\ 2x - 2y + 3z &= 2 \end{aligned}$

(4) $\begin{aligned} x + 2y + 3z &= 10 \\ 4x + 5y + 6z &= 20 \\ 7x + 8y + 9z &= 30 \end{aligned}$

(5) $\begin{aligned} x + y - v &= 1 \\ y + 2z + u + 3v &= 1 \\ x - z + u + v &= 0 \end{aligned}$

(6) $\begin{aligned} x + z + u - 2v &= 1 \\ 2x + y + 3z - u + v &= 0 \\ 3x - y + 4z + u + v &= 1 \end{aligned}$

문제 1.4 세 직선 $2x + 3y = 1$, $6x + 5y = 0$, $2x - 5y = 7$이 모두 만나는 점이 있는지 없는지 설명하라.

1.2 행렬과 성질

▮정의 1.1

행렬(matrix)이란 실수 a_{ij}를 아래와 같이 직사각형 모양으로 나열한 것을 말한다. 이 경우 m행 n열(또는 $m\times n$) 행렬이라 하며 A의 크기를 (m, n) 또는 $m\times n$이라 한다. 간단히 $A=(a_{ij})_{m\times n}$ 또는 $A\in R^{m\times n}$으로 나타내며 소괄호 ( ) 또는 대괄호 [ ]를 사용한다.

$$A=\begin{pmatrix} a_{11} & a_{12} & \cdots & a_{1n} \\ a_{21} & a_{22} & \cdots & a_{2n} \\ \vdots & & & \vdots \\ a_{m1} & a_{m2} & \cdots & a_{mn} \end{pmatrix}=\begin{bmatrix} a_{11} & a_{12} & \cdots & a_{1n} \\ a_{21} & a_{22} & \cdots & a_{2n} \\ \vdots & \vdots & & \vdots \\ a_{m1} & a_{m2} & \cdots & a_{mn} \end{bmatrix}$$

정의 1.1에서 각 a_{ij}를 i행 j열 **성분**(component) 또는 $(i,\ j)$ 성분이라고 하며, $a_{i1},\ a_{i2},\ \cdots,\ a_{in}$을 A의 i번째 **행**(row), $(a_{i1},\ a_{i2},\ \cdots,\ a_{in})$를 i번째 **행벡터**(row vector), $a_{1j},\ a_{2j},\ \cdots,\ a_{mj}$를 A의 j번째 **열**(column), $\begin{pmatrix} a_{1j} \\ a_{2j} \\ \vdots \\ a_{mj} \end{pmatrix}$을 j번째 **열벡터**(column vector)라고 한다. 특히 $m=n$이면 n차 **정사각행렬**(square matrix)이라 하고, 이때 $a_{11},\ a_{22},\ \cdots,\ a_{nn}$을 행렬 A의 **대각성분**(diagonal entries)이라 한다. 성분이 모두 0인 행렬을 **영행렬**(zero matrix)이라고 한다.

행렬, 벡터, 스칼라(또는 상수)를 나타내는 기호로는 특별한 설명이 없는 한 행렬은 영문 대문자 $A,\ B,\ X,\ \cdots$ 벡터는 영문 소문자 $a,\ b,\ x,\ y,\ \cdots$ 그리고 상수를 뜻하는 스칼라는 그리스 소문자 $\alpha,\ \beta,\ \delta,\ \cdots$를 사용한다.

예제 1.5 (1) $\begin{pmatrix} 1 & 2 & 3 \\ 4 & 5 & 6 \end{pmatrix}$은 2×3 행렬, 2는 1행 2열[또는 (1, 2)] 성분

(2) $\begin{pmatrix} 1 & 2 & 3 \\ 4 & 5 & 6 \end{pmatrix}$에서 (1, 2, 3)은 첫 번째 행으로 행벡터, $\begin{pmatrix} 3 \\ 6 \end{pmatrix}$은 세 번째 열로 열벡터

(3) $\begin{pmatrix} 1 & 2 \\ 4 & 6 \end{pmatrix}$은 이차 정사각행렬, $\begin{pmatrix} 0 & 0 & 0 \\ 0 & 0 & 0 \end{pmatrix}$은 영행렬

문제 1.5 $\begin{pmatrix} 1 & 2 & 3 & 4 \\ 4 & 5 & 6 & 7 \\ 7 & 8 & 9 & 10 \end{pmatrix}$에 대하여 물음에 답하라.

(1) 행렬의 크기는?

(2) 6은 몇 번째 성분인가?

(3) 두 번째 행벡터는?

(4) 세 번째 열벡터는?

정의 1.2

$A=(a_{ij})_{m\times n}$, $B=(b_{ij})_{m\times n}$일 때 다음과 같이 정의한다.

(단 $1\le i\le m$, $1\le j\le n$)

(1) $A=B \Leftrightarrow a_{ij}=b_{ij}$

(2) $A+B=(a_{ij}+b_{ij})$

(3) 상수 α에 대하여 $\alpha A=(\alpha a_{ij})$

예제 1.6 $A=\begin{pmatrix} 1 & -2 & 3 \\ 0 & 5 & 6 \end{pmatrix}$, $B=\begin{pmatrix} 1 & 3 & 0 \\ -2 & 1 & 2 \end{pmatrix}$일 때

(1) $2B=\begin{pmatrix} 2 & 6 & 0 \\ -4 & 2 & 4 \end{pmatrix}$

(2) $A+B=\begin{pmatrix} 2 & 1 & 3 \\ -2 & 6 & 8 \end{pmatrix}$

(3) $A-2B=\begin{pmatrix} -1 & -8 & 3 \\ 4 & 3 & 2 \end{pmatrix}$

문제 1.6 $A=\begin{pmatrix}1&2&3&4\\4&5&6&7\\7&8&9&10\end{pmatrix}$, $B=\begin{pmatrix}-1&0&3&1\\2&-3&1&0\\0&1&2&4\end{pmatrix}$일 때 다음을 구하라.

(1) $3A$ (2) $A-B$

(3) $3A+2B$ (4) $3B-2A$

행벡터나 열벡터처럼 행이나 열이 하나인 행렬을 일반적으로 벡터(vector)라고 한다. n차원 공간의 점 $x=(x_1,\ x_2,\ \cdots,\ x_n)$을 n차원 벡터라 하며 다음과 같이 나타낸다.

$$x=\begin{pmatrix}x_1\\x_2\\\vdots\\x_n\end{pmatrix}\in R^n$$

정의 1.3

벡터 $u,\ v\in R^n$의 내적(inner product, dot product)은 다음과 같이 정의한다.

$$u\cdot v=u_1v_1+\cdots+u_nv_n$$

예제 1.7 $u=\begin{pmatrix}1\\2\end{pmatrix}$, $v=\begin{pmatrix}-2\\1\end{pmatrix}$, $w=\begin{pmatrix}4\\-1\end{pmatrix}$일 때

$$u\cdot v=0,\ v\cdot w=-9,\ w\cdot u=2,\ u\cdot u=5$$

문제 1.7 $u=\begin{pmatrix}1\\-1\\2\end{pmatrix}$, $v=\begin{pmatrix}1\\-2\\1\end{pmatrix}$, $w=\begin{pmatrix}2\\4\\-1\end{pmatrix}$일 때 $u\cdot v,\ v\cdot w,\ w\cdot u,\ u\cdot u$를 구하라.

▌정의 1.4

벡터 $x_1, x_2, \cdots, x_k \in R^n$과 상수 $\alpha_1, \alpha_2, \cdots, \alpha_k$에 대하여 $y = \alpha_1 x_1 + \alpha_2 x_2 + \cdots + \alpha_k x_k$을 벡터 $x_1, x_2, \cdots, x_k$의 **일차결합(linear combination)**이라고 한다.

▌정의 1.5

$x_1, x_2, \cdots, x_k \in R^n$이다. 이 벡터의 일차결합이 영벡터 θ이면 모든 계수가 0일 수밖에 없을 때, 즉

$$\alpha_1 x_1 + \alpha_2 x_2 + \cdots + \alpha_k x_k = \theta \Rightarrow \alpha_1 = \cdots = \alpha_k = 0$$

이 벡터 $x_1, x_2, \cdots, x_k$을 **일차독립(linearly independent)**이라고 한다. 한편 적어도 하나는 0이 아닌 상수 α_i가 존재하여, $\alpha_1 x_1 + \alpha_2 x_2 + \cdots + \alpha_k x_k = 0$이면 벡터 $x_1, x_2, \cdots, x_k$을 **일차종속(linearly dependent)**이라고 한다.

예제 1.8 (1) $e_i \in R^n$는 i번째 성분만 1이고 나머지는 모두 0인 표준단위 벡터이다. 그러면 표준단위벡터의 집합 $\{e_1, e_2, \cdots, e_n\}$은 일차독립이다.

(2) $\left\{\begin{pmatrix}1\\0\\0\\0\end{pmatrix}, \begin{pmatrix}1\\1\\0\\0\end{pmatrix}, \begin{pmatrix}1\\1\\1\\0\end{pmatrix}, \begin{pmatrix}1\\1\\1\\1\end{pmatrix}, \begin{pmatrix}4\\3\\2\\1\end{pmatrix}\right\}$은 일차종속이다.

왜냐하면 $\begin{pmatrix}4\\3\\2\\1\end{pmatrix} = \begin{pmatrix}1\\0\\0\\0\end{pmatrix} + \begin{pmatrix}1\\1\\0\\0\end{pmatrix} + \begin{pmatrix}1\\1\\1\\0\end{pmatrix} + \begin{pmatrix}1\\1\\1\\1\end{pmatrix}$.

문제 1.8 다음 벡터가 일차독립인지 일차종속인지 밝혀라.

(1) $\begin{pmatrix}1\\2\end{pmatrix}$, $\begin{pmatrix}1\\-1\end{pmatrix}$ (2) $\begin{pmatrix}1\\4\end{pmatrix}$, $\begin{pmatrix}1\\-1\end{pmatrix}$, $\begin{pmatrix}5\\3\end{pmatrix}$

(3) $\begin{pmatrix}1\\2\\3\end{pmatrix}$, $\begin{pmatrix}4\\5\\6\end{pmatrix}$, $\begin{pmatrix}2\\1\\0\end{pmatrix}$ (4) $\begin{pmatrix}0\\1\\4\end{pmatrix}$, $\begin{pmatrix}1\\2\\-1\end{pmatrix}$, $\begin{pmatrix}5\\8\\0\end{pmatrix}$

행렬의 연산과 수의 연산은 동일한 성질을 갖고 있다.

≪ 정리 1.1

크기가 같은 행렬 A, B, C와 영행렬 Θ, 상수 a, b에 대하여 다음이 성립한다.

(1) $A+\Theta=A$ (2) $A+B=B+A$

(3) $(A+B)+C=A+(B+C)$ (4) $a(A+B)=aA+aB$

(5) $(a+b)A=aA+bA$ (6) $(ab)A=a(bA)$

▮ 정의 1.6

$A=(a_{ij})_{m\times l}$, $B=(b_{ij})_{l\times n}$일 때 두 행렬의 곱 $AB=(c_{ij})_{m\times n}$은 다음과 정의한다.

$$c_{ij}=\sum_{k=1}^{l}a_{ik}b_{kj}$$

$B=[B_1,\ B_2,\ \cdots,\ B_n]$이고 B_i를 B의 i번째 열벡터라고 하면 $AB=[AB_1,\ AB_2,\ \cdots,\ AB_n]$가 되어 곱 AB의 i번째 열벡터는 AB_i와 같다.

두 행렬의 곱은 앞 행렬의 열의 크기와 뒤 행렬의 행의 크기가 같을 때만 정의된다. 두 행렬의 곱의 $(i,\ j)$ 성분 c_{ij}는 행렬 A의 i행과 행렬 B의 j열에서 같은 위치의 성분끼리 곱하여 합한 것이다. 즉 A의 i번째 행벡터와 B의 j번째 열벡터의 곱이다. 행렬의 곱 AB는 앞 행렬 A의 열의 크기와 뒤 행렬 B의 행의 크기가 반드시 같아야 계산이 된다. 행렬의 곱에서는 교환법칙이 성립하지 않는다.

$$AB \neq BA$$

예제 1.9 $A=\begin{pmatrix}1&2&0\\0&5&6\end{pmatrix}$, $B=\begin{pmatrix}1&2\\-1&0\\0&4\end{pmatrix}$이면 $AB=\begin{pmatrix}-1&2\\-5&24\end{pmatrix}$,

$BA=\begin{pmatrix}1&12&12\\-1&-2&0\\0&20&24\end{pmatrix}$이다.

문제 1.9 AB를 구하라.

(1) $A=(1\ \ 2\ \ 2)$, $B=\begin{pmatrix}1\\-2\\4\end{pmatrix}$

(2) $A=\begin{pmatrix}1\\-2\\4\end{pmatrix}$, $B=(1\ \ 2\ \ 2)$

(3) $A=\begin{pmatrix}1&2&0\\0&5&6\\-1&0&2\end{pmatrix}$, $B=\begin{pmatrix}1&2\\-1&1\\1&-2\end{pmatrix}$

(4) $A=\begin{pmatrix}1&2&3\\4&5&6\\7&8&9\\3&2&1\end{pmatrix}$, $B=\begin{pmatrix}1\\1\\-1\end{pmatrix}$

$A=(a_{ij})_{m\times n}$, $x=(x_j)_{n\times 1}$ 에서 행렬과 벡터의 곱 Ax는 다음과 같이 나타낼 수 있다.

$$\begin{pmatrix}a_{11}&a_{12}&\cdots&a_{1n}\\a_{21}&a_{22}&\cdots&a_{2n}\\\vdots&\vdots&&\vdots\\a_{m1}&a_{m2}&\cdots&a_{mn}\end{pmatrix}\begin{pmatrix}x_1\\x_2\\\vdots\\x_n\end{pmatrix}$$

$$=\begin{pmatrix}a_{11}x_1+a_{12}x_2+\cdots+a_{1n}x_n\\a_{21}x_1+a_{22}x_2+\cdots+a_{2n}x_n\\\vdots\qquad\vdots\qquad\vdots\\a_{m1}x_1+a_{m2}x_2+\cdots+a_{mn}x_n\end{pmatrix}$$

$$= x_1\begin{pmatrix} a_{11} \\ a_{21} \\ \vdots \\ a_{m1} \end{pmatrix} + x_2\begin{pmatrix} a_{12} \\ a_{22} \\ \vdots \\ a_{m2} \end{pmatrix} + \cdots + x_n\begin{pmatrix} a_{1n} \\ a_{2n} \\ \vdots \\ a_{mn} \end{pmatrix}$$

$$= x_1A_1 + x_2A_2 + \cdots + x_nA_n$$

따라서 $Ax = b$의 해가 존재한다는 것은 b가 A의 열벡터들의 일차결합으로 나타낼 수 있다는 것과 같다. 즉 $b = x_1A_1 + x_2A_2 + \cdots + x_nA_n$인 $x = \begin{pmatrix} x_1 \\ x_2 \\ \vdots \\ x_n \end{pmatrix}$이 $Ax = b$의 해가 된다.

예제 1.10 $A = \begin{pmatrix} 1 & 2 & 3 & 4 \\ 2 & 4 & 1 & 3 \\ 3 & 1 & 5 & 1 \\ 4 & 3 & 1 & 2 \end{pmatrix}$이고 $x = \begin{pmatrix} x_1 \\ x_2 \\ x_3 \\ x_4 \end{pmatrix}$이면 Ax는 다음과 같다.

$$Ax = x_1\begin{pmatrix} 1 \\ 2 \\ 3 \\ 4 \end{pmatrix} + x_2\begin{pmatrix} 2 \\ 4 \\ 1 \\ 3 \end{pmatrix} + x_3\begin{pmatrix} 3 \\ 1 \\ 5 \\ 1 \end{pmatrix} + x_4\begin{pmatrix} 4 \\ 3 \\ 1 \\ 2 \end{pmatrix}$$

문제 1.10 $A = \begin{pmatrix} 1 & 2 & 4 \\ 2 & 4 & 3 \\ 1 & 5 & 1 \end{pmatrix}$, $x = \begin{pmatrix} x \\ y \\ z \end{pmatrix}$에서 Ax를 A의 열벡터의 합으로 표시하라.

행렬의 곱셈은 수의 곱셈처럼 결합법칙과 분배법칙이 성립한다. 그러나 $AB = AC$라고 해서 $B = C$가 되지 않을 수도 있으며 $AB = 0$이라고 해서 $A = 0$ 또는 $B = 0$이라고 할 수도 없다.

≪정리 1.2

행렬 A, B, C의 합과 곱이 정의되고 $\alpha \in R$이면 다음이 성립한다.

(1) [결합법칙] $(AB)C = A(BC)$

(2) [분배법칙] $A(B+C) = AB + AC$, $(B+C)A = BA + CA$

(3) [상수 곱] $\alpha(AB) = (\alpha A)B = A(\alpha B)$

예제 1.11 $A = \begin{pmatrix} 1 & 2 \\ -1 & 1 \\ 1 & 3 \end{pmatrix}$, $B = \begin{pmatrix} 1 & 2 \\ 2 & -1 \end{pmatrix}$, $C = \begin{pmatrix} 1 & 2 & 0 \\ 0 & 2 & 1 \end{pmatrix}$일 때

$$(AB)C = \begin{pmatrix} 5 & 0 \\ 1 & -3 \\ 7 & -1 \end{pmatrix} \begin{pmatrix} 1 & 2 & 0 \\ 0 & 2 & 1 \end{pmatrix} = \begin{pmatrix} 5 & 10 & 0 \\ 1 & -4 & -3 \\ 7 & 12 & -1 \end{pmatrix},$$

$$A(BC) = \begin{pmatrix} 1 & 2 \\ -1 & 1 \\ 1 & 3 \end{pmatrix} \begin{pmatrix} 1 & 6 & 2 \\ 2 & 2 & -1 \end{pmatrix} = \begin{pmatrix} 5 & 10 & 0 \\ 1 & -4 & -3 \\ 7 & 12 & -1 \end{pmatrix}$$이다.

문제 1.11 $A = \begin{pmatrix} 1 & 2 \\ 2 & -1 \end{pmatrix}$, $B = \begin{pmatrix} 1 & -2 \\ 2 & 1 \end{pmatrix}$, $C = \begin{pmatrix} -2 & 1 \\ 1 & 2 \end{pmatrix}$일 때 정리 1.2가 성립함을 보여라.

▌정의 1.7

$A = (a_{ij})_{m \times n}$이다. 각 (i, j) 성분이 a_{ji}인 행렬을 A의 전치행렬(transpose matrix)이라고 하며 A^T로 나타낸다. 즉

$$A^T = \begin{pmatrix} a_{11} & a_{21} & \cdots & a_{m1} \\ a_{12} & a_{22} & \cdots & a_{m2} \\ \vdots & \vdots & & \vdots \\ a_{1n} & a_{2n} & \cdots & a_{mn} \end{pmatrix}_{m \times n}$$

예제 1.12 $A=\begin{pmatrix} 2 & 6 & 0 \\ 8 & 6 & 4 \end{pmatrix}$이면 $A^T=\begin{pmatrix} 2 & 8 \\ 6 & 6 \\ 0 & 4 \end{pmatrix}$이다.

문제 1.12 다음 행렬의 전치행렬을 구하라.

(1) $\begin{pmatrix} 1 & 2 & 3 & 5 & 6 \end{pmatrix}$ (2) $\begin{pmatrix} 1 & 2 \\ -1 & 0 \\ 0 & 4 \end{pmatrix}$

(3) $\begin{pmatrix} 1 & 2 & 3 \\ 3 & 2 & 1 \\ 1 & -1 & 1 \end{pmatrix}$ (4) $\begin{pmatrix} 1 & 2 & 3 \\ 2 & 2 & -1 \\ 3 & -1 & 3 \end{pmatrix}$

전치행렬은 다음과 같은 성질을 갖고 있다.

≪정리 1.3

$A,\ B \in R^{m\times n}$, $C \in R^{n\times l}$와 상수 a에 대하여 다음이 성립한다.

(1) $(A^T)^T = A$ (2) $(aA)^T = aA^T$

(3) $(A+B)^T = A^T + B^T$ (4) $(AC)^T = C^T A^T$

예제 1.13 $A=\begin{pmatrix} 1 & 2 & 0 \\ 0 & 5 & 6 \end{pmatrix}$, $B=\begin{pmatrix} 1 & 2 \\ -1 & 0 \\ 0 & 4 \end{pmatrix}$이면 $AB=\begin{pmatrix} -1 & 2 \\ -5 & 24 \end{pmatrix}$이다. 따라서 $(AB)^T=\begin{pmatrix} -1 & -5 \\ 2 & 24 \end{pmatrix}$이고 $B^T A^T=\begin{pmatrix} 1 & -1 & 0 \\ 2 & 0 & 4 \end{pmatrix}\begin{pmatrix} 1 & 0 \\ 2 & 5 \\ 0 & 6 \end{pmatrix}$
$=\begin{pmatrix} -1 & -5 \\ 2 & 24 \end{pmatrix}$이다.

문제 1.13 $A=\begin{pmatrix} 1 & 2 \\ -1 & 3 \end{pmatrix}$, $B=\begin{pmatrix} 2 & 1 \\ -1 & 0 \end{pmatrix}$일 때 다음을 구하라.

(1) $(A+B)^T$ (2) $A^T + B^T$

(3) $(AB)^T$ (4) $B^T A^T$

정의 1.8

n차 정사각행렬에서 대각선에 있는 성분이 모두 1이고 그 나머지 성분이 모두 0인 행렬을 **항등행렬**(identity matrix)이라고 하며 I_n 또는 간단히 I로 나타낸다.

항등행렬을 행렬에 곱하여도 변하지 않는다. 즉

$$AI = IA = A$$

항등행렬과 영행렬은 수에서 1과 0에 해당하는 성질을 갖고 있다.

정의 1.9

정사각행렬에서 대각성분을 중심으로 마주보는 성분이 모두 같으면 $A = A^T$이고 이때 A를 **대칭행렬**(symmetric matrix)이라고 한다.

$A = (a_{ij})$가 정사각행렬이고 대칭행렬이면 $a_{ij} = a_{ji}$이 된다. 즉 대각성분을 중심으로 마주보고 있는 성분은 서로 같다.

벡터 u, $v \in R^n$의 내적을 전치행렬을 이용하여 $u \cdot v = u_1 v_1 + \cdots + u_n v_n = u^T v$로 나타낼 수 있다. 상수의 크기는 절댓값을 사용하는 것처럼 벡터 $u \in R^n$의 크기를 나타내는 척도로 절댓값을 일반화한 노름이라는 용어를 사용한다. 이것은 u와 u의 내적의 제곱근이다.

정의 1.10

다음을 벡터 $u \in R^n$의 유클리드 **노름**(Euclidean norm)이라 한다.

$$\|u\| = \sqrt{u_1^2 + \cdots + u_n^2} = \sqrt{u^T u}$$

두 수의 거리(또는 차)는 절댓값을 이용하는 것처럼 두 벡터 사이의 거리는 노름을 이용하여 정의한다.

정의 1.11

벡터 $u \in R^n$와 $v \in R^n$의 거리는 $\|u-v\|$로 정의하며 다음과 같다.

$$\|u-v\| = \sqrt{(u_1-v_1)^2+\cdots+(u_n-v_n)^2}$$

$n=1$인 경우 노름은 절댓값과 같다. 노름은 벡터의 길이가 되고, 벡터 간의 거리는 두 벡터의 차의 크기로 한 벡터의 끝에서 다른 벡터의 끝까지 잇는 벡터의 길이가 된다. 두 상수 α, β의 거리 $|\alpha-\beta|$가 작으면 작을수록 α, β는 가깝다고 하는 것처럼 벡터 간의 거리 $\|u-v\|$가 작으면 작을수록 벡터 u, v는 가깝다고 한다.

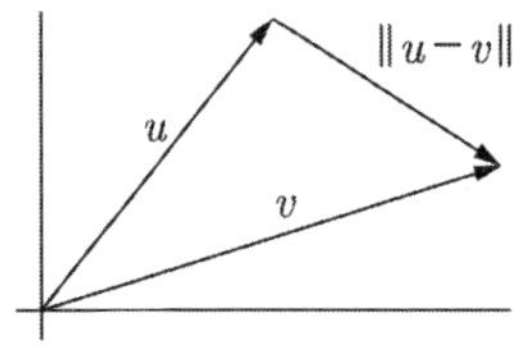

예제 1.14 $u=\begin{pmatrix}1\\4\\6\end{pmatrix}$, $v=\begin{pmatrix}-2\\1\\-1\end{pmatrix}$일 때 $u \cdot v$, $\|u\|$, $\|u-v\|$를 구하여 보자.

풀이

(1) $u \cdot v = 1(-2)+4(1)+6(-1) = -4$

(2) $\|u\| = \sqrt{1+16+36} = \sqrt{53}$

(3) $\|u-v\| = \sqrt{9+9+49} = \sqrt{67}$ ■

문제 1.14 $u = \begin{pmatrix} 1 \\ 0 \\ -2 \end{pmatrix}$, $v = \begin{pmatrix} 2 \\ 1 \\ 1 \end{pmatrix}$일 때 $u \cdot v$, $\|u\|$, $\|u-v\|$를 구하라.

노름은 내적으로 표현할 수 있다. 즉 $\langle u, u \rangle = u^T u = \|u\|^2$으로 $\|u\| = \sqrt{\langle u, u \rangle}$이다. 두 벡터 $u, v \in R^n$의 내적은 두 벡터의 사잇각을 θ라고 하면 노름의 곱으로 다음과 같이 나타낼 수 있다.

$$\langle u, v \rangle = \|u\|\|v\|\cos\theta$$

따라서

$$|\langle u, v \rangle| \le \|u\|\|v\|$$

이 성립한다.

예제 1.15 $u = \begin{pmatrix} 1 \\ 0 \end{pmatrix}$, $v = \begin{pmatrix} 1 \\ 1 \end{pmatrix}$이라고 하자. 그러면 $\langle u, v \rangle = 1$이고 $\|u\| = 1$, $\|v\| = \sqrt{2}$이다. 사잇각이 $\frac{\pi}{4}$이므로 $\langle u, v \rangle = \|u\|\|v\|\cos\frac{\pi}{4}$이 성립한다.

문제 1.15 $u = \begin{pmatrix} 1 \\ 0 \\ 0 \end{pmatrix}$, $v = \begin{pmatrix} 1 \\ 0 \\ 1 \end{pmatrix}$일 때 사잇각은 얼마인가? $\langle u, v \rangle$, $\|u\|$, $\|v\|$를 구하라.

▮정의 1.12

정사각행렬에서 대각선 아래에 있는 성분이 모두 0일 때 위삼각행렬(upper triangular matrix), 위에 있는 성분이 모두 0일 때 아래삼각행렬(lower triangular matrix)이라고 한다.

▌정의 1.13

대각선 성분과 바로 아래 위 성분을 제외한 모든 성분이 0일 때 **삼중대각행렬**(tridiagonal matrix)라고 한다. 대각선 성분만 제외하고 나머지 성분이 모두 0일 때 **대각행렬**(diagonal matrix)이라고 한다. 특히 대각행렬에서 대각에 있는 성분이 모두 같으면 **스칼라행렬**(scalar matrix)이라고 한다.

스칼라행렬의 모든 대각성분이 α이면 αI로 나타낸다.

예제 1.16 다음은 차례로 대칭행렬, 위삼각행렬, 아래삼각행렬, 삼중대각행렬, 대각행렬, 스칼라행렬이다.

$$\begin{pmatrix} 1 & 2 & 3 & 4 \\ 2 & 4 & 1 & 3 \\ 3 & 1 & 5 & 1 \\ 4 & 3 & 1 & 2 \end{pmatrix}, \begin{pmatrix} 1 & 2 & 3 & 4 \\ 0 & 4 & 1 & 3 \\ 0 & 0 & 5 & 1 \\ 0 & 0 & 0 & 2 \end{pmatrix}, \begin{pmatrix} 1 & 0 & 0 & 0 \\ 2 & 4 & 0 & 0 \\ 3 & 1 & 5 & 0 \\ 4 & 3 & 1 & 2 \end{pmatrix},$$

$$\begin{pmatrix} 1 & 3 & 0 & 0 \\ 2 & 4 & 6 & 0 \\ 0 & 1 & 5 & 1 \\ 0 & 0 & 3 & 2 \end{pmatrix}, \begin{pmatrix} 1 & 0 & 0 & 0 \\ 0 & 4 & 0 & 0 \\ 0 & 0 & 5 & 0 \\ 0 & 0 & 0 & 2 \end{pmatrix}, \begin{pmatrix} 3 & 0 & 0 & 0 \\ 0 & 3 & 0 & 0 \\ 0 & 0 & 3 & 0 \\ 0 & 0 & 0 & 3 \end{pmatrix}$$

문제 1.16 크기가 4인 대칭행렬, 위삼각행렬, 아래삼각행렬, 삼중대각행렬, 대각행렬, 스칼라행렬을 만들어 보라.

▌정의 1.14

정사각행렬 A에 대하여 $AB = BA = I$인 행렬 B가 있으면 A를 **정칙행렬**(nonsingular matrix)이라 하고 B를 A의 **역행렬**(inverse matrix)이라 하며 $B = A^{-1}$로 나타낸다.

예제 1.17 $\begin{pmatrix} 2 & 4 \\ 3 & 1 \end{pmatrix}\begin{pmatrix} -\frac{1}{10} & \frac{2}{5} \\ \frac{3}{10} & -\frac{1}{5} \end{pmatrix} = \begin{pmatrix} 1 & 0 \\ 0 & 1 \end{pmatrix}$, $\begin{pmatrix} -\frac{1}{10} & \frac{2}{5} \\ \frac{3}{10} & -\frac{1}{5} \end{pmatrix}\begin{pmatrix} 2 & 4 \\ 3 & 1 \end{pmatrix} = \begin{pmatrix} 1 & 0 \\ 0 & 1 \end{pmatrix}$

문제 1.17 다음 두 행렬은 서로 역행렬인지 보여라.

$$\begin{pmatrix} 1 & 2 & 3 \\ 0 & 1 & 4 \\ 0 & 0 & 1 \end{pmatrix}, \begin{pmatrix} 1 & -2 & 5 \\ 0 & 1 & -4 \\ 0 & 0 & 1 \end{pmatrix}$$

B와 C를 A의 역행렬이라고 하자. 그러면

$$B = BI = B(AC) = (BA)C = IC = C$$

이다. 그러므로 정칙행렬의 역행렬은 단 하나 존재한다.

크기가 2인 정사각행렬의 역행렬은 다음과 같이 구할 수 있다. 즉 $A = \begin{pmatrix} a & b \\ c & d \end{pmatrix}$이고 $ad - bc \neq 0$이면 A는 정칙행렬이고 역행렬은 다음과 같다.

$$A^{-1} = \frac{1}{ad - bc}\begin{pmatrix} d & -b \\ -c & a \end{pmatrix}$$

일반적으로 A가 정칙이면 $Ax = b$에서 $A^{-1}(Ax) = A^{-1}b$이고 $A^{-1}(Ax) = (A^{-1}A)x = Ix = x$이므로 해는 $x = A^{-1}b$가 된다. 그러나 실제 수치적으로 역행렬의 모든 성분이 구체적으로 필요하지 않는 한 역행렬 A^{-1}을 계산하여 해 $A^{-1}b$를 구하지는 않는다.

역행렬은 다음과 같은 성질을 갖는다.

≪ 정리 1.4

같은 크기의 정사각행렬 A와 B에 대하여 다음이 성립한다.

(1) A가 정칙행렬이면 A^{-1}도 정칙행렬이고 $(A^{-1})^{-1} = A$이다.

(2) A와 B가 정칙행렬이면 AB도 정칙행렬이고 $(AB)^{-1} = B^{-1}A^{-1}$이다.

증명 (1)은 당연하다.

(2) $(B^{-1}A^{-1})(AB) = B^{-1}(A^{-1}A)B = B^{-1}IB = B^{-1}B = I$

이므로 AB는 정칙행렬이고 $(AB)^{-1} = B^{-1}A^{-1}$이다. ■

연립방정식 $Ax = b$의 해의 존재성은 행렬 A의 성질에 달려있음을 다음 정리를 통해 알 수 있다.

≪정리 1.5

다음은 모두 동치이다.

(1) A는 정칙행렬이다.

(2) $Ax = b$의 해는 $x = A^{-1}b$로 유일하다.

(3) $Ax = 0$의 해는 $x = 0$뿐이다.

(4) A의 열(또는 행)벡터는 일차독립이다.

(5) b는 A의 행벡터의 일차결합으로 나타낼 수 있다.

1.3 행렬과 가우스 소거법

다음과 같은 연립방정식은 행렬을 이용하면 연립방정식을 쉽게 나타낼 수 있다.

$$
\begin{aligned}
a_{11}x_1 + a_{12}x_2 + \cdots + a_{1n}x_n &= b_1 \\
a_{21}x_1 + a_{22}x_2 + \cdots + a_{2n}x_n &= b_2 \\
\vdots \qquad\quad \vdots \qquad\qquad\quad \vdots & \\
a_{m1}x_1 + a_{m2}x_2 + \cdots + a_{mn}x_n &= b_m
\end{aligned}
$$

즉 $A = (a_{ij})_{m \times n}$, $x = (x_j)_{n \times 1}$이고 $b = (b_j)_{m \times 1}$로 놓으면 이 연립방정식은

$Ax=b$가 된다. 여기서 A를 **계수행렬**이라고 한다. 따라서 연립방정식의 해는 행렬의 성질을 이용하여 구할 수 있다.

예제 1.18 $A=\begin{pmatrix}1 & 2 & 3\\ 3 & 2 & 1\\ 1 & -1 & 1\end{pmatrix}$, $x=\begin{pmatrix}x\\ y\\ z\end{pmatrix}$이고 $b=\begin{pmatrix}6\\ 6\\ 1\end{pmatrix}$라 놓으면 다음은 서로 같다.

$$\begin{aligned} x+2y+3z&=6\\ 3x+2y+\ \ z&=6 \quad \Leftrightarrow \quad Ax=b\\ x-\ \ y+\ \ z&=1 \end{aligned}$$

문제 1.18 다음 연립방정식을 행렬로 표시하라.

(1) $x-2y+3z=2$

(2) $\begin{aligned} x+2y&=3\\ 2x-\ \ y&=1 \end{aligned}$

(3) $\begin{aligned} x+2y+3z&=2\\ 3x+2y+\ \ z&=2 \end{aligned}$

(4) $\begin{aligned} x+2y+3z&=6\\ 2y+\ \ z&=3\\ 3z&=3 \end{aligned}$

연립방정식 $Ax=b$의 해를 구하기 위해서 계수행렬 A와 벡터 b를 같이 다루는 것이 편리한 경우가 있다. A와 b를 같이 다루기 위해서 벡터 b를 행렬 A에 다음과 같이 덧붙인다.

정의 1.15

행렬 $A=(a_{ij})_{m\times n}$에 벡터 $b=(b_1,\ b_2,\ \cdots,\ b_m)^T$를 아래와 같이 덧붙인 행렬을 $(A\,|\,b)$로 나타내며 이 행렬을 A에 b를 **덧붙인 행렬(augmented matrix)**이라 한다.

$$(A\,|\,b)=\begin{pmatrix} a_{11} & a_{12} & \cdots & a_{1n} & b_1\\ a_{21} & a_{22} & \cdots & a_{2n} & b_2\\ \vdots & & & \vdots & \vdots\\ a_{m1} & a_{m2} & \cdots & a_{mn} & b_m \end{pmatrix}$$

예를 들면 $A=\begin{pmatrix}2&3&0\\4&3&2\end{pmatrix}$에다 $b=\begin{pmatrix}1\\4\end{pmatrix}$을 덧붙이면 $(A|b)=\begin{pmatrix}2&3&0&1\\4&3&2&4\end{pmatrix}$이고, $\begin{pmatrix}1&2&1\\2&1&0\\3&2&2\end{pmatrix}$에 $\begin{pmatrix}4\\3\\7\end{pmatrix}$을 덧붙이면 $\begin{pmatrix}1&2&1&4\\2&1&0&3\\3&2&2&7\end{pmatrix}$이 된다.

연립방정식을 다음과 같이 행렬로 나타내면 해를 쉽게 구할 수 있다.

$$\begin{aligned} x+2y+\ \ z&=4\\ 2x+\ y\qquad\ &=3\\ 3x+2y+2z&=7 \end{aligned} \quad \Leftrightarrow \quad \begin{pmatrix}1&2&1\\2&1&0\\3&2&2\end{pmatrix}\begin{pmatrix}x\\y\\z\end{pmatrix}=\begin{pmatrix}4\\3\\7\end{pmatrix}$$

A에 b를 덧붙인 행렬은

$$(A|b)=\begin{pmatrix}1&2&1&4\\2&1&0&3\\4&2&2&8\end{pmatrix}$$

이다. 연립방정식에서 처음 두 식을 교환하는 것은 덧붙인 행렬의 처음 두 행을 교환하는 것이고, 한 식의 양변에 0이 아닌 상수를 곱하는 것은 한 행에 0이 아닌 상수를 곱하는 것이며, 한 식의 양변에 상수를 곱하여 다른 식에 더하여 만든 것은 한 행에 상수를 곱하여 다른 행에 더하는 것과 같다. 이와 같은 과정을 **기본행 연산**(elementary row operations)이라 하며 기본행 연산을 거쳐 나온 연립방정식은 동치로 해는 모두 같다.

기본행 연산

(1) 행과 행을 바꾼다.
(2) 한 행에 0이 아닌 상수를 곱한다.
(3) 한 행에 상수를 곱하여 다른 행에 더한다.

이 기본행 연산을 나타내는 행렬들을 **기본행렬**(elementary matrices)이라고 한다. 즉 항등행렬 I의 i번째 행과 j번째 행을 서로 교환한 행렬을 E_{ij}, 단위

행렬의 i 번째 행에 상수 α를 곱한 행렬을 E_i^α 그리고 항등행렬의 i 번째 행에 상수 α를 곱한 후 j 번째 행에 더한 행렬 E_{ij}^α이라고 하면 E_{ij}, E_i^α, E_{ij}^α은 기본 행렬이고 다음과 같다.

$$E_{ij}=\begin{pmatrix} 1 & 0 & \cdots\cdots & & \cdots & 0 \\ 0 & \ddots & & \cdots\cdots & \cdots & 0 \\ & \cdots\ 0 & \cdots & 1 & \cdots & \\ \vdots & \cdots\cdots & \cdots\cdots & \cdots\cdots & & \vdots \\ & \cdots\ 1 & \cdots & 0 & \cdots & \\ \vdots & \cdots\cdots & & \cdots & \ddots & 0 \\ 0 & \cdots\cdots & & \cdots & 0 & 1 \end{pmatrix}\begin{matrix} \\ \\ \leftarrow i\text{번째 행} \\ \\ \leftarrow j\text{번째 행} \\ \\ \\ \end{matrix}$$

$$E_i^\alpha=\begin{pmatrix} 1 & 0 & \cdots\cdots & & \cdots & 0 \\ 0 & \ddots & & \cdots\cdots & \cdots & 0 \\ & \cdots\ 1 & \cdots & 0 & \cdots & \\ \vdots & \cdots\cdots & \alpha & \cdots\cdots & & \vdots \\ & \cdots\ 0 & \cdots & 1 & \cdots & \\ \vdots & \cdots\cdots & & \cdots & \ddots & 0 \\ 0 & \cdots\cdots & & \cdots & 0 & 1 \end{pmatrix}\begin{matrix} \\ \\ \\ \leftarrow i\text{번째 행} \\ \\ \\ \\ \end{matrix}$$

$$E_{ij}^\alpha=\begin{pmatrix} 1 & 0 & \cdots\cdots & & \cdots & 0 \\ 0 & \ddots & & \cdots\cdots & \cdots & 0 \\ & \cdots\ 1 & \cdots & 0 & \cdots & \\ \vdots & \cdots\cdots & \cdots\cdots & \cdots\cdots & & \vdots \\ & \cdots\ \alpha & \cdots & 1 & \cdots & \\ \vdots & \cdots\cdots & & \cdots & \ddots & 0 \\ 0 & \cdots\cdots & & \cdots & 0 & 1 \end{pmatrix}\begin{matrix} \\ \\ \leftarrow i\text{번째 행} \\ \\ \leftarrow j\text{번째 행} \\ \\ \\ \end{matrix}$$

기본행 연산을 기본행렬의 곱으로 다음과 같이 각각 나타낼 수 있다.

(1) $E_{ij}A \ \Leftrightarrow$ 행렬 A의 i 행과 j 행을 바꾼다.

(2) $E_i^\alpha A \ \Leftrightarrow$ 행렬 A의 i 행에 상수 α를 곱한다.

(3) $E_{ij}^\alpha A \ \Leftrightarrow$ 행렬 A의 i 행에 상수 α를 곱하여 j 행에 더한다.

예제 1.19 기본행렬의 성질을 이용하여 $E_{1,2}A$, E_3^2A, $E_{2,3}^2A$과 $E_{1,4}E_{2,3}^2A$을 구하여 보자. A는 다음과 같다.

$$A=\begin{pmatrix}1&2&3&4\\2&4&1&3\\3&1&5&1\\4&3&1&2\end{pmatrix}$$

풀이 행렬 A의 첫 행과 두 번째 행을 교환하면

$$E_{1,2}A=\begin{pmatrix}0&1&0&0\\1&0&0&0\\0&0&1&0\\0&0&0&1\end{pmatrix}\begin{pmatrix}1&2&3&4\\2&4&1&3\\3&1&5&1\\4&3&1&2\end{pmatrix}=\begin{pmatrix}2&4&1&3\\1&2&3&4\\3&1&5&1\\4&3&1&2\end{pmatrix}$$

이다. 행렬 A의 세 번째 행에 2를 곱하면

$$E_3^2A=\begin{pmatrix}1&0&0&0\\0&1&0&0\\0&0&2&0\\0&0&0&1\end{pmatrix}\begin{pmatrix}1&2&3&4\\2&4&1&3\\3&1&5&1\\4&3&1&2\end{pmatrix}=\begin{pmatrix}1&2&3&4\\2&4&1&3\\6&2&10&2\\4&3&1&2\end{pmatrix}$$

이다. 행렬 A의 두 번째 행에 2를 곱하여 세 번째 행에 더하면

$$E_{2,3}^2A=\begin{pmatrix}1&0&0&0\\0&1&0&0\\0&2&1&0\\0&0&0&1\end{pmatrix}\begin{pmatrix}1&2&3&4\\2&4&1&3\\3&1&5&1\\4&3&1&2\end{pmatrix}=\begin{pmatrix}1&2&3&4\\2&4&1&3\\7&9&7&7\\4&3&1&2\end{pmatrix}$$

이다. 행렬 A의 첫 행과 네 번째 행을 교환하고 두 번째 항에 2를 곱하여 세 번째 항에 더하면

$$E_{1,4}E_{2,3}^2A=\begin{pmatrix}0&0&0&1\\0&1&0&0\\0&2&1&0\\1&0&0&0\end{pmatrix}\begin{pmatrix}1&2&3&4\\2&4&1&3\\3&1&5&1\\4&3&1&2\end{pmatrix}=\begin{pmatrix}4&3&1&2\\2&4&1&3\\7&9&7&7\\1&2&3&4\end{pmatrix}$$

이다. ■

문제 1.19 $A=\begin{pmatrix}4&2&2&8\\1&2&1&4\\2&1&0&3\end{pmatrix}$이다. $E_{1,2}A$, $E_{1,2}^{-4}E_{1,2}A$, $E_{1,3}^{-2}E_{1,2}^{-4}E_{1,2}A$을 구하라.

연립방정식

$$\begin{aligned} a_{11}x_1 + a_{12}x_2 + \cdots + a_{1n}x_n &= b_1 \\ a_{21}x_1 + a_{22}x_2 + \cdots + a_{2n}x_n &= b_2 \\ \vdots \qquad\quad \vdots \qquad\qquad\quad \vdots \quad & \\ a_{m1}x_1 + a_{m2}x_2 + \cdots + a_{mn}x_n &= b_n \end{aligned}$$

의 덧붙인 행렬은

$$(A|b) = \begin{pmatrix} a_{11} & a_{12} & \cdots & a_{1n} & b_1 \\ a_{21} & a_{22} & \cdots & a_{2n} & b_2 \\ \vdots & \vdots & & \vdots & \vdots \\ a_{m1} & a_{m2} & \cdots & a_{mn} & b_m \end{pmatrix}$$

이 된다. 덧붙인 행렬에 기본행 연산을 반복하여 수행하면 계수행렬 A를 위삼각행렬로 변환하여 동치인 연립방정식으로 만들 수 있다. 위삼각행렬 방정식의 해는 역으로 쉽게 구할 수 있다. 이와 같은 방법을 **가우스 소거법**(Gauss elimination method)이라 한다.

예제 1.20 다음 방정식의 해를 가우스 소거법으로 구하여 보자.

$$\begin{pmatrix} 1 & 2 & 1 \\ 2 & 1 & 0 \\ 4 & 2 & 2 \end{pmatrix} \begin{pmatrix} x \\ y \\ z \end{pmatrix} = \begin{pmatrix} 4 \\ 3 \\ 8 \end{pmatrix}$$

풀이 이 연립방정식의 덧붙인 행렬은

$$(A|b) = \begin{pmatrix} 1 & 2 & 1 & 4 \\ 2 & 1 & 0 & 3 \\ 4 & 2 & 2 & 8 \end{pmatrix}$$

이다. 이 행렬의 1행$\times(-2)$을 2행에 더하고, 1행$\times(-4)$을 3행에 더하면

$$\begin{pmatrix} 1 & 2 & 1 & 4 \\ 0 & -3 & -2 & -5 \\ 0 & -6 & -2 & -8 \end{pmatrix}$$

을 얻고, 다시 이 행렬의 2행×(−2)을 3행에 더하면

$$\begin{pmatrix} 1 & 2 & 1 & 4 \\ 0 & -3 & -2 & -5 \\ 0 & 0 & 2 & 2 \end{pmatrix}$$

을 얻는다. 역으로 구하면 해는

$$z = 2/2 = 1$$
$$y = (-5+2z)/(-3) = 1$$
$$x = 4 - z - 2y = 1$$

이 된다. ■

이 연산과정을 기본행렬로 나타내면 다음과 같다.

$$E_{23}^{-2}E_{13}^{-4}E_{12}^{-2}(A\,|\,b) = \begin{pmatrix} 1 & 2 & 1 & 4 \\ 0 & -3 & -2 & -5 \\ 0 & 0 & 2 & 2 \end{pmatrix}$$

문제 1.20 다음 방정식의 해를 가우스 소거법으로 구하라.

(1) $x - 2y + z = 2$
$2x + y - z = 1$
$-3x + y - 2z = -5$

(2) $2y + z = -1$
$3x + 5y - 5z = 1$
$2x + 4y - 2z = 2$

(3) $2y + z = 3$
$-2x + 2y + z = 4$
$x - y + z = 1$

(4) $-x - y + z = 0$
$w + x + y + z = 6$
$2w + 4x + y - 2z = -1$
$3w + x - 2y + 2z = 3$

▌정의 1.16

다음을 만족하는 행렬 $C \in R^{m \times n}$을 **사다리꼴 모양(echelon form)**이라 한다.

(1) 0이 아닌 모든 행은 항상 성분이 모두 0인 행보다 위에 있다.

(2) 행의 첫 번째 0이 아닌 성분은 그 위 행의 첫 번째 0이 아닌 성분의 오른쪽에 있어야 한다.

다음과 같은 행렬은 사다리꼴 모양이다. 여기서 *는 0이 아닌 수이고, x는 임의의 수이다.

$$\begin{pmatrix} * & x & x & x & x & x \\ 0 & 0 & * & x & x & x \\ 0 & 0 & 0 & 0 & * & x & x \\ 0 & 0 & 0 & 0 & 0 & 0 & 0 \end{pmatrix}, \begin{pmatrix} * & x & x & x & x & x \\ 0 & 0 & * & x & x & x \\ 0 & 0 & 0 & 0 & * & x & x \end{pmatrix}, \begin{pmatrix} 0 & * & x & x & x & x \\ 0 & 0 & * & x & x & x & x \\ 0 & 0 & 0 & 0 & 0 & 0 & * \end{pmatrix}$$

예제 1.20의 $(A|b)=\begin{pmatrix} 1 & 2 & 1 & 4 \\ 2 & 1 & 0 & 3 \\ 4 & 2 & 2 & 8 \end{pmatrix}$의 사다리꼴 모양은 $\begin{pmatrix} 1 & 2 & 1 & 4 \\ 0 & -3 & -2 & -5 \\ 0 & 0 & 2 & 2 \end{pmatrix}$이다.

일반적으로 미지수의 개수가 방정식의 개수보다 많으면 해는 무한히 많다. 기본행 연산을 이용하여 주어진 행렬을 동치인 사다리꼴 모양으로 바꾸어 해를 구하면 보다 간편하다. 덧붙인 행렬의 사다리꼴 모양에서 성분이 모두 0인 행 벡터를 제외하면 그 형태는 다음 두 가지이다.

$$\begin{pmatrix} * & x & x & x & x & x & x \\ 0 & 0 & * & x & x & x & x \\ 0 & 0 & 0 & 0 & * & x & x \end{pmatrix}, \begin{pmatrix} 0 & * & x & x & x & x & x \\ 0 & 0 & * & x & x & x & x \\ 0 & 0 & 0 & 0 & 0 & 0 & * \end{pmatrix}$$

첫 번째 경우는 해가 무한히 많고 두 번째 경우는 해가 없다.

예제 1.21 다음 연립방정식의 해를 가우스 소거법으로 구하자.

$$\begin{pmatrix} 0 & 1 & 1 & -1 \\ 1 & -1 & 3 & -1 \\ 1 & 1 & 1 & 1 \end{pmatrix}\begin{pmatrix} x \\ y \\ z \\ w \end{pmatrix} = \begin{pmatrix} 0 \\ -2 \\ 2 \end{pmatrix}$$

풀이 이 방정식의 덧붙인 행렬은

$$\begin{pmatrix} 0 & 1 & 1 & -1 & 0 \\ 1 & -1 & 3 & -1 & -2 \\ 1 & 1 & 1 & 1 & 2 \end{pmatrix}$$

첫 행과 둘째 행을 교환하면

$$\begin{pmatrix} 1 & -1 & 3 & -1 & -2 \\ 0 & 1 & 1 & -1 & 0 \\ 1 & 1 & 1 & 1 & 2 \end{pmatrix}$$

이다. 이 행렬의 첫 행에 -1을 곱하여 세 번째 행에 더하면

$$\begin{pmatrix} 1 & -1 & 3 & -1 & -2 \\ 0 & 1 & 1 & -1 & 0 \\ 0 & 2 & -2 & 2 & 4 \end{pmatrix}$$

을 얻는다. 다시 이 행렬의 두 번째 행에 -2를 곱하여 세 번째 행에 더한 후 세 번째 행을 -4로 나누면

$$\begin{pmatrix} 1 & -1 & 3 & -1 & -2 \\ 0 & 1 & 1 & -1 & 0 \\ 0 & 0 & 1 & -1 & -1 \end{pmatrix}$$

이다. 마지막 행부터 해를 구하면

$$\begin{aligned} x &= y - 3z + w - 2 \\ y &= -z + w \\ z &= w - 1 \end{aligned}$$

을 얻는다. 맨 아래 식부터 대입하여 해를 구하면

$$\begin{aligned} x &= 2 - 2w \\ y &= 1 \\ z &= -1 + w \end{aligned}$$

이고 여기서 w는 독립변수로 해는 무수히 많다. ■

문제 1.21 다음 행렬의 사다리꼴 모양을 구하라.

$$\begin{pmatrix} 0 & 0 & 1 & 3 & 5 \\ 1 & 2 & -1 & 2 & 2 \\ -2 & -4 & 5 & 7 & 14 \\ 3 & 6 & -4 & 7 & 7 \\ 0 & 0 & 2 & 4 & 9 \end{pmatrix}$$

예제 1.22 다음 연립방정식의 해가 없음을 가우스 소거법으로 살펴보자.

$$y-4z=4$$
$$2x-3y+2z=2$$
$$5x-8y+7z=2$$

풀이 덧붙인 행렬은 다음과 같다.

$$\begin{pmatrix} 0 & 1 & -4 & 4 \\ 2 & -3 & 2 & 2 \\ 5 & -8 & 7 & 2 \end{pmatrix}$$

이 행렬의 첫 행과 둘째 행을 교환하면

$$\begin{pmatrix} 2 & -3 & 2 & 2 \\ 0 & 1 & -4 & 4 \\ 5 & -8 & 7 & 2 \end{pmatrix}$$

이다. 이 행렬의 첫 행에 $-\frac{5}{2}$를 곱하여 세 번째 행에 더하면

$$\begin{pmatrix} 2 & -3 & 2 & 2 \\ 0 & 1 & -4 & 4 \\ 0 & -\frac{1}{2} & 2 & -3 \end{pmatrix}$$

이다. 이 행렬의 세 번째 행에 -2를 곱하면

$$\begin{pmatrix} 2 & -3 & 2 & 2 \\ 0 & 1 & -4 & 4 \\ 0 & 1 & -4 & 6 \end{pmatrix}$$

이다. 이 행렬의 두 번째 행에 -1을 곱하여 세 번째 행에 더하면

$$\begin{pmatrix} 2 & -3 & 2 & 2 \\ 0 & 1 & -4 & 4 \\ 0 & 0 & 0 & 2 \end{pmatrix}$$

이 되어 이 방정식을 만족하는 해는 없다. ■

문제 1.22 다음 연립방정식의 해를 기본행 연산을 이용하여 구하라.

(1) $x-y=3$
$-2x+2y=5$

(2) $x-y+z=4$
$2x-2y+3z=2$

(3) $x-y+z=3$
$2x+y-4z=-3$

(4) $x-y+z=4$
$2x-2y+3z=2$
$2x-2y+2z=10$

(5) $x+y-v=1$
$y+2z+u+3v=1$
$x-z+u+v=0$

(6) $x+z+u-2v=1$
$2x+y+3z-u+v=0$
$3x-y+4z+u+v=1$

가우스 소거법을 확장하면 역행렬을 구할 수 있다. 정의에 의하여 $AX=I$를 만족하는 행렬 X가 A의 역행렬이 된다. 방정식 $AX=I$는

$$Ax_1=e_1,\ Ax_2=e_2,\ \cdots,\ Ax_n=e_n$$

로 나눌 수 있다. 여기서 e_i는 i 번째 성분은 1이고 다른 성분은 모두 0인 벡터이다. 이 방정식의 덧붙인 행렬은 $(A|I)$이고 이 행렬에 가우스 소거법을 반복해서 적용하면 동치인 $(I|X)$으로 변환된다. 이때 행렬 X가 A의 역행렬이 된다.

예제 1.23 $\begin{pmatrix} 1 & 2 & 1 \\ 2 & 1 & 0 \\ 4 & 2 & 2 \end{pmatrix}$의 역행렬을 구하기 위한 덧붙인 행렬은 다음과 같다.

$$\left(\begin{array}{ccc|ccc} 1 & 2 & 1 & 1 & 0 & 0 \\ 2 & 1 & 0 & 0 & 1 & 0 \\ 4 & 2 & 2 & 0 & 0 & 1 \end{array}\right)$$

덧붙인 행렬의 1행×(−2)을 2행에 더하고 1행×(−4)을 3행에 더하면

$$\left(\begin{array}{ccc|ccc} 1 & 2 & 1 & 1 & 0 & 0 \\ 0 & -3 & -2 & -2 & 1 & 0 \\ 0 & -6 & -2 & -4 & 0 & 1 \end{array}\right)$$

이 된다. 이 행렬의 2행×(−2)을 3행에 더하면

$$\left(\begin{array}{ccc|ccc} 1 & 2 & 1 & 1 & 0 & 0 \\ 0 & -3 & -2 & -2 & 1 & 0 \\ 0 & 0 & 2 & 0 & -2 & 1 \end{array}\right)$$

이 되고, 이 행렬의 3행을 2행에 더하여 주고 3행×(−0.5)을 1행에 더하면

$$\left(\begin{array}{ccc|ccc} 1 & 2 & 0 & 1 & 1 & -0.5 \\ 0 & -3 & 0 & -2 & -1 & 1 \\ 0 & 0 & 2 & 0 & -2 & 1 \end{array}\right)$$

이며 이 행렬의 3행×$\frac{1}{2}$, 2행×$\left(-\frac{1}{3}\right)$을 시행한 후 2행×(−2)을 1행에 더하면

$$\left(\begin{array}{ccc|ccc} 1 & 0 & 0 & -1/3 & 1/3 & 1/6 \\ 0 & 1 & 0 & 2/3 & 1/3 & -1/3 \\ 0 & 0 & 1 & 0 & -1 & 1/2 \end{array}\right)$$

이 된다. 따라서 역행렬은 다음과 같다.

$$\begin{pmatrix} -1/3 & 1/3 & 1/6 \\ 2/3 & 1/3 & -1/3 \\ 0 & -1 & 1/2 \end{pmatrix}$$

■

문제 1.23 다음 행렬의 역행렬을 가우스 소거법으로 구하라.

(1) $\begin{pmatrix} 1 & 2 \\ 3 & 4 \end{pmatrix}$ (2) $\begin{pmatrix} 2 & 1 & 0 \\ 1 & 2 & 1 \\ 0 & 1 & 2 \end{pmatrix}$

(3) $\begin{pmatrix} 1 & 4 & 3 \\ -1 & -2 & 0 \\ 2 & 2 & 3 \end{pmatrix}$ (4) $\begin{pmatrix} 1 & -2 & 1 \\ -1 & 3 & 2 \\ 2 & -2 & 7 \end{pmatrix}$

가우스 소거법을 더 확장하여 계수행렬을 항등행렬로 변환하면 역으로 대입하여 구하지 않고도 바로 해를 구할 수 있다. 이러한 방법을 **가우스-조르당 소거법**(Gauss-Jordan elimination)이라 한다.

예제 1.24 다음 방정식의 해를 가우스-조르당 소거법으로 구하여 보자.

$$\begin{pmatrix} 1 & 2 & 1 \\ 2 & 1 & 0 \\ 4 & 2 & 2 \end{pmatrix}\begin{pmatrix} x \\ y \\ z \end{pmatrix} = \begin{pmatrix} 4 \\ 3 \\ 8 \end{pmatrix}$$

풀이 예제 1.20에서 연립방정식의 덧붙인 행렬은 가우스 소거법에 의해 다음과 같이 변했다.

$$(A|b) = \begin{pmatrix} 1 & 2 & 1 & 4 \\ 2 & 1 & 0 & 3 \\ 4 & 2 & 2 & 8 \end{pmatrix} \Rightarrow \begin{pmatrix} 1 & 2 & 1 & 4 \\ 0 & -3 & -2 & -5 \\ 0 & 0 & 2 & 2 \end{pmatrix}$$

이 행렬의 세 번째 행을 2로 나눈 후 2를 곱해서 두 번째 행에 더하고, 다시 세 번째 행에 -1을 곱하여 첫 번째 행에 더하면 다음과 같다.

$$\begin{pmatrix} 1 & 2 & 0 & 3 \\ 0 & -3 & 0 & -3 \\ 0 & 0 & 1 & 1 \end{pmatrix}$$

이 행렬의 두 번째 행을 -3으로 나눈 후 -2를 곱하여 첫 번째 행에 더하면 다음과 같이 된다.

$$\begin{pmatrix} 1 & 0 & 0 & 1 \\ 0 & 1 & 0 & 1 \\ 0 & 0 & 1 & 1 \end{pmatrix}$$

따라서 해는 $x = 1,\ y = 1,\ z = 1$이 된다. ■

문제 1.24 다음 방정식의 해를 가우스-조르당 소거법으로 구하라.

$$\begin{pmatrix} 1 & 2 & 1 & 1 \\ 2 & 1 & 0 & 1 \\ 1 & 0 & 2 & 1 \\ 1 & 1 & 1 & 2 \end{pmatrix}\begin{pmatrix} x_1 \\ x_2 \\ x_3 \\ x_4 \end{pmatrix} = \begin{pmatrix} -1 \\ 0 \\ 2 \\ -1 \end{pmatrix}$$

연습문제 1

01 다음 연립방정식을 행렬로 표시하라

(1) $\begin{aligned} x-3y&=1 \\ 2y&=2 \end{aligned}$

(2) $\begin{aligned} x-3y+z&=-1 \\ 2y-z&=1 \end{aligned}$

(3) $\begin{aligned} x+2y+3z&=6 \\ 2x+3y\quad\;&=5 \\ 3x\quad\quad\;&=3 \end{aligned}$

(4) $\begin{aligned} x+2y+3z&=6 \\ 2y+3z&=5 \\ 3z&=3 \end{aligned}$

02 다음 연립방정식의 해를 소거법으로 구하라.

(1) $\begin{aligned} x+2y+3z&=1 \\ 2x+y-3z&=2 \\ 3x-3y+z&=3 \end{aligned}$

(2) $\begin{aligned} x+2y+4z&=6 \\ x+\quad\;\; 2z&=2 \\ x+3y+7z&=10 \end{aligned}$

(3) $\begin{aligned} y+z&=1 \\ x+y-z&=0 \\ -2x-y+z&=-1 \end{aligned}$

(4) $\begin{aligned} x-y+z&=1 \\ x+y-z&=1 \\ 2x+\quad\; 3z&=8 \end{aligned}$

03 다음 벡터들이 일차독립인지 일차종속인지 설명하라.

(1) $u_1=\begin{pmatrix}1\\2\end{pmatrix},\ u_2=\begin{pmatrix}2\\1\end{pmatrix}$

(2) $u_1=\begin{pmatrix}1\\1\end{pmatrix},\ u_2=\begin{pmatrix}2\\2\end{pmatrix}$

(3) $u_1=\begin{pmatrix}1\\2\\-1\end{pmatrix},\ u_2=\begin{pmatrix}2\\1\\1\end{pmatrix},\ u_3=\begin{pmatrix}1\\1\\1\end{pmatrix}$

(4) $u_1=\begin{pmatrix}2\\0\\-1\end{pmatrix},\ u_2=\begin{pmatrix}-1\\1\\1\end{pmatrix},\ u_3=\begin{pmatrix}2\\2\\0\end{pmatrix}$

04 $A=\begin{pmatrix} 3 & 1 & 4 \\ -2 & 0 & 1 \\ 1 & 2 & 2 \end{pmatrix}$, $B=\begin{pmatrix} 1 & 0 & 2 \\ -3 & 1 & 1 \\ 2 & -4 & 1 \end{pmatrix}$일 때 다음을 구하라.

(1) $3A$ (2) $A-2B$

(3) AB (4) B^TA^T

05 다음 명제의 반례를 들어라.

(1) $AB=AC$이면 $B=C$이다.

(2) $AB=0$이면 $A=0$ 또는 $B=0$이다.

06 다음 행렬의 곱 A^k, $k=2,\ 3,\ 4,\ 5$을 구하라.

$$A=\begin{pmatrix} 0 & 1 & 0 & 0 & 0 \\ 0 & 0 & 1 & 0 & 0 \\ 0 & 0 & 0 & 1 & 0 \\ 0 & 0 & 0 & 0 & 1 \\ 0 & 0 & 0 & 0 & 0 \end{pmatrix}$$

07 다음 행렬의 역행렬을 구하라

(1) $\begin{pmatrix} -1 & 1 \\ 1 & 0 \end{pmatrix}$ (2) $\begin{pmatrix} 2 & 5 \\ 1 & 3 \end{pmatrix}$

(3) $\begin{pmatrix} 1 & 1 & 1 \\ 0 & 1 & 1 \\ 0 & 0 & 1 \end{pmatrix}$ (4) $\begin{pmatrix} 2 & 0 & 5 \\ 0 & 3 & 0 \\ 1 & 0 & 3 \end{pmatrix}$

08 다음 연립방정식의 해를 가우스 또는 가우스-조르당 소거법으로 구하라.

(1) $\begin{aligned} x+2y+3z&=1 \\ 2x+y-3z&=2 \\ 3x-3y+z&=3 \end{aligned}$

(2) $\begin{aligned} x+2y+4z&=6 \\ x+2z&=2 \\ x+3y+7z&=10 \end{aligned}$

(3)
$$\begin{aligned} y+z&=1\\ x+y-z&=0\\ -2x-y+z&=-1 \end{aligned}$$

(4)
$$\begin{aligned} x-y+z&=1\\ x+y-z&=1\\ 2x+3z&=8 \end{aligned}$$

09 다음 두 연립방정식의 해를 한 번의 가우스 소거법으로 동시에 구하라.

(1)
$$\begin{aligned} 2x+y&=3\\ 4x+3y&=5 \end{aligned}\ ,\quad \begin{aligned} 2x+y&=-1\\ 4x+3y&=1 \end{aligned}$$

(2)
$$\begin{aligned} x+2y-2z&=1\\ 2x+5y+z&=9\\ x+3y+4z&=9 \end{aligned}\ ,\quad \begin{aligned} x+2y-2z&=9\\ 2x+5y+z&=9\\ x+3y+4z&=-2 \end{aligned}$$

10 다음 연립방정식의 해를 구하라.

(1)
$$\begin{aligned} x-3y+z&=-1\\ 2y-z&=1 \end{aligned}$$

(2)
$$\begin{aligned} x+y+z&=-1\\ 2x+4y+2z&=3 \end{aligned}$$

(3)
$$\begin{aligned} 3y-6z&=2\\ 3x-7y+8z&=2\\ 3x-9y+12z&=2 \end{aligned}$$

(4)
$$\begin{aligned} y-2z&=1\\ x-2y+4z&=2\\ 2x-3y+6z&=3 \end{aligned}$$

(5)
$$\begin{aligned} x+y+z+u&=2\\ x+y+z+2u&=3\\ x+y+z+3u&=4 \end{aligned}$$

(6)
$$\begin{aligned} x+y+z+u+v&=2\\ x+y+z+2u+2v&=3\\ x+y+z+2u+3v&=2 \end{aligned}$$

제2장

벡터공간 R^n

LINEAR ALGEBRA

LINEAR ALGEBRA

제2장 벡터공간 R^n

이 장에서는 벡터공간 R^n에 관하여 알아본다. 변수가 n개이고 방정식의 개수가 m인 연립방정식은 R^n에서 R^m으로 가는 함수(또는 변환)로 볼 수 있다. 따라서 다음과 같은 벡터공간 R^n에 관한 성질을 알아 본다.

- 벡터와 좌표
- 부분공간
- 생성된 부분공간
- 영공간
- 치역
- 열공간과 행공간
- 기저
- 차원
- 차수
- 직교집합
- 정규직교기저
- 그람-슈미트 직교화
- 선형변환
- 직교투영
- 직교변환
- 직교행렬

2.1 벡터와 부분공간

다음과 같은 이차원과 삼차원 공간의 점 $P(a,\ b)$ 또는 $P(a,\ b,\ c)$를 생각해 보자.

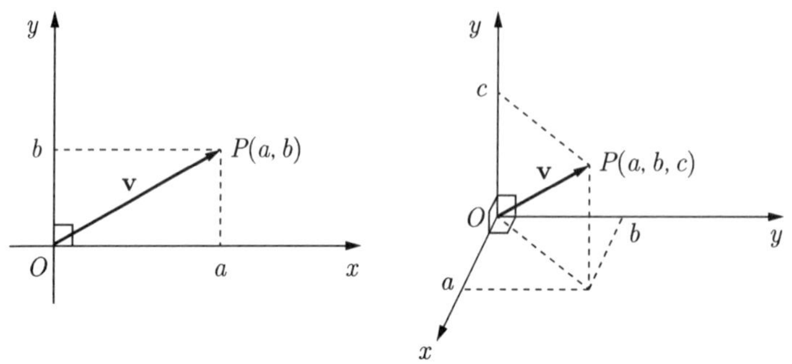

원점 O에서 점 P로 향하며 길이가 선분 OP와 같은 것을 **벡터**(vector)라 하며 $v=\begin{pmatrix}a\\b\end{pmatrix}$ 또는 $\begin{pmatrix}a\\b\\c\end{pmatrix}$로 나타낸다. $\begin{pmatrix}a\\b\end{pmatrix}$는 이차원 그리고 $\begin{pmatrix}a\\b\\c\end{pmatrix}$는 삼차원 벡터라 한다. 이때 $(a,\ b)$ 또는 $(a,\ b,\ c)$를 점 P의 **좌표**(coordinate)라 한다.

벡터의 집합을 이용하면 직선 $y=x+1$과 평면 $z=1$은 다음과 같이 각각 나타낼 수 있다.

$$\left\{\begin{pmatrix}x\\y\end{pmatrix} \mid y-x=1\right\},\quad \left\{\begin{pmatrix}x\\y\\1\end{pmatrix} \mid x,\ y\in R\right\}$$

예제 2.1 다음 벡터의 그래프는 어떠한 모양인가?

(1) $\left\{\begin{pmatrix}x\\y\end{pmatrix} \mid x^2+y^2=9\right\}$은 반지름이 3인 원

(2) $\left\{x \mid x=t\begin{pmatrix}1\\2\end{pmatrix},\ t\in R\right\}$은 기울기가 2이고 원점을 지나는 직선

문제 2.1 다음 벡터의 그래프는 어떠한 모양인가?

(1) $\left\{ \begin{pmatrix} x \\ y \\ z \end{pmatrix} \mid (x-1)^2 + y^2 + (z-2)^2 = 4 \right\}$

(2) $\left\{ x \mid x = \begin{pmatrix} x \\ y \\ z \end{pmatrix},\ x+y+z=1 \right\}$

성분의 개수가 n개인 n차 벡터로 이루어진 집합을 R^n이라 하여 다음과 같이 나타낸다.

$$R^n = \left\{ \begin{pmatrix} x_1 \\ x_2 \\ \vdots \\ x_n \end{pmatrix} \mid x_1,\ x_2,\ \cdots,\ x_n \in R \right\}$$

벡터의 합은 같은 위치의 성분끼리 합하고 상수 배는 각 성분에 상수 곱을 한다.

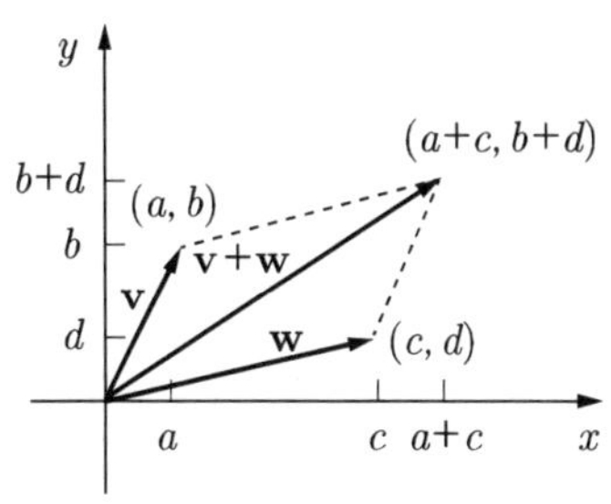

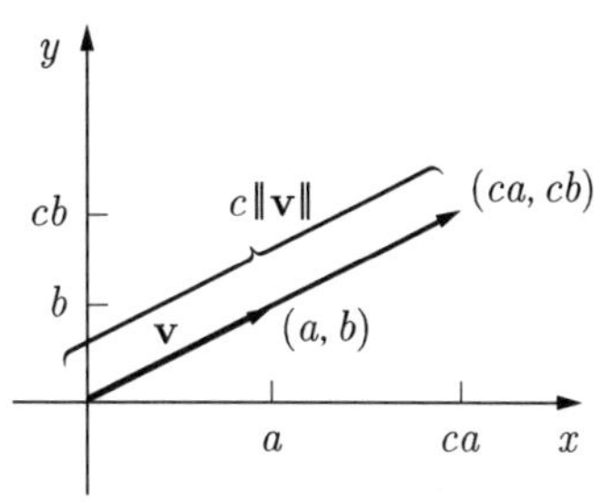

▌정의 2.1

벡터 $u,\ v \in R^n$의 합과 상수 배는 다음과 같이 정의한다.

(1) $u+v = \begin{pmatrix} u_1+v_1 \\ u_2+v_2 \\ \vdots \\ u_n+v_n \end{pmatrix}$ (2) $cv = \begin{pmatrix} cv_1 \\ cv_2 \\ \vdots \\ cv_n \end{pmatrix}$

≪정리 2.1

모든 벡터 $u,\ v,\ w \in R^n$와 상수 α와 β에 대하여 다음이 성립한다.

(1) [덧셈에 관한 닫힘] $u+v \in R^n$

(2) [스칼라 곱에 관한 닫힘] 상수 α에 대하여 $\alpha u \in R^n$

(3) [덧셈에 관한 교환법칙] $u+v=v+u$

(4) [덧셈에 관한 결합법칙] $u+(v+w)=(u+v)+w$

(5) [덧셈에 관한 항등원] 영벡터 $\theta \in R^n$이 있어 $u+\theta=u$이다.

(6) [덧셈에 관한 역원] $-u \in R^n$가 있어 $u+(-u)=\theta$

(7) [스칼라 곱에 관한 결합법칙] $\alpha(\beta u)=(\alpha\beta)u$

(8) [스칼라 곱에 관한 분배법칙] $\alpha(u+v)=\alpha u+\alpha v$

(9) [스칼라 곱에 관한 분배법칙] $(\alpha+\beta)u=\alpha u+\beta u$

(10) [스칼라 곱에 관한 항등원] $1u=u$

▌정의 2.2

정리 2.1을 모두 만족하는 R^n의 부분집합을 부분공간(subspace)이라 한다.

예를 들어 원점을 지나는 직선 $\{\begin{pmatrix} x \\ y \end{pmatrix} | y-x=0\}$이나 평면 $\{\begin{pmatrix} x \\ y \\ 0 \end{pmatrix} | x,\ y \in R\}$은 정리 2.1을 모두 만족하므로 각각 R^2와 R^3의 부분공간이다. 그러나 직선 $y=x+1$과 평면 $z=1$을 각각 나타내는 $\{\begin{pmatrix} x \\ y \end{pmatrix} | y-x=1\}$, $\{\begin{pmatrix} x \\ y \\ 1 \end{pmatrix} | x,\ y \in R\}$은 (5)를 만족하지 못하여 부분공간이 되지 못한다.

≪정리 2.2

$W \subset R^n$이 부분공간이기 위한 필요충분조건은 다음을 만족하는 것이다.

(1) 영벡터 $\theta \in W$

(2) $u,\ v \in W$이면 $u+v \in W$

(3) 상수 α에 대하여 $u \in W$이면 $\alpha u \in W$

예제 2.2 $W = \{x \mid x = \begin{pmatrix} x_1 \\ x_2 \\ x_3 \end{pmatrix},\ x_1 = x_2 - x_3\} \subset R^3$

(1) $\theta \in W$은 당연하다.

(2) $u,\ v \in W$ 이면 $u_1 = u_2 - u_3,\ v_1 = v_2 - v_3$이다.

따라서 $u_1 + v_1 = (u_2 + v_2) - (u_3 + v_3)$이다. 그러므로 $u + v \in W$이다.

(3) 상수 α에 대하여 $u \in W$이면 $u_1 = u_2 - u_3$이고 $\alpha u_1 = \alpha u_2 - \alpha u_3$이므로 $\alpha u \in W$이다.

문제 2.2 $W = \{x \mid x = \begin{pmatrix} x_1 \\ x_2 \\ x_3 \end{pmatrix},\ x_2 = 3x_1,\ x_3 = 2x_1\}$은 R^3의 부분공간임을 보여라.

《 정리 2.3

$v_1,\ v_2,\ \cdots,\ v_r \in R^n$이면 $W = \{c_1v_1 + c_2v_2 + \cdots + c_rv_r \mid c_1,\ c_2,\ \cdots,\ v_r \in R\}$은 부분공간이다.

증명 (1) $\theta \in W$은 당연하다.

(2) $x,\ y \in W$라 하자. 그러면

$$x = a_1v_1 + a_2v_2 + \cdots + a_rv_r,\quad y = c_1v_1 + c_2v_2 + \cdots + c_rv_r$$

이다. 따라서

$$x+y=(a_1+c_1)v_1+(a_2+c_2)v_2+\cdots+(a_r+c_r)v_r$$

이고, 모든 $a_i+c_i \in R$이므로 $x+y \in W$이다.

(3) $x \in W$이면 $x=a_1v_1+a_2v_2+\cdots+a_rv_r$이다. 상수 α에 대하여

$$\alpha x=(\alpha a_1)v_1+(\alpha a_2)v_2+\cdots+(\alpha a_r)v_r$$

이고, 모든 $\alpha a_i \in R$이므로 $\alpha x \in W$이다. ■

정의 2.3

$v_1, v_2, \cdots, v_r \in R^n$에 대하여 $\{c_1v_1+c_2v_2+\cdots+c_rv_r \mid c_1, c_2, \cdots, v_r \in R\}$를 $v_1, v_2, \cdots, v_r$에 의해 생성된 부분공간(subspace spanned)이라 하며 $\text{span}\{v_1, \cdots, v_r\}$로 나타낸다.

예제 2.3 (1) $u=\begin{pmatrix}-1\\2\end{pmatrix}$이라 하자. $x=\begin{pmatrix}x_1\\x_2\end{pmatrix}\in \text{span}\{u\}$에 대하여 $x_1=-c$, $x_2=2c$이고, 즉 $x_2=-2x_1$이다. 그러므로 $\text{span}\{u\}$는 기울기가 -2이고 원점을 지나는 직선이다.

(2) $u=\begin{pmatrix}2\\1\\0\end{pmatrix}$, $v=\begin{pmatrix}0\\1\\2\end{pmatrix}$일 때 $x=\begin{pmatrix}x_1\\x_2\\x_3\end{pmatrix}\in \text{span}\{u, v\}$에 대하여

$x_1=2c_1$, $x_2=c_1+c_2$, $x_3=2c_2$이다. 덧붙인 행렬은

$$\begin{pmatrix}2&0&x_1\\1&1&x_2\\0&2&x_3\end{pmatrix}\Rightarrow\begin{pmatrix}2&0&x_1\\0&2&x_3\\1&1&x_2\end{pmatrix}\Rightarrow\begin{pmatrix}2&0&x_1\\0&2&x_3\\0&0&x_2-\frac{1}{2}x_1-\frac{1}{2}x_3\end{pmatrix}$$

이다. 해를 가지려면 $x_2-\frac{1}{2}x_1-\frac{1}{2}x_3=0$이어야 한다. 따라서

$$x_1 - 2x_2 + x_3 = 0$$

이다. 그러므로 span$\{u,\ v\}$는 벡터 u와 벡터 v를 품는 평면이다. ■

문제 2.3 다음의 경우 span$\{u,\ v\}$를 구하라.

(1) $u = \begin{pmatrix} 2 \\ 3 \end{pmatrix},\ v = \begin{pmatrix} -4 \\ -6 \end{pmatrix}$ (2) $u = \begin{pmatrix} 2 \\ 1 \end{pmatrix},\ v = \begin{pmatrix} 1 \\ 2 \end{pmatrix}$

정의 2.4

$A \in R^{m \times n}$에 대하여 $N(A) = \{x \in R^n \mid Ax = 0\}$을 A의 **영공간**(null space)이라 한다.

≪정리 2.4

$A \in R^{m \times n}$에 대하여 A의 영공간은 R^n의 부분공간이다.

증명 (i) $A\theta = \theta$이므로 $\theta \in N(A)$이다.

(ii) $Ax = \theta,\ Ay = \theta$이면 $A(x+y) = \theta$이므로 $x + y \in N(A)$이다.

(iii) $Ax = \theta$이면 상수 α에 대하여 $A(\alpha x) = \alpha(Ax) = \theta$이므로 $\alpha x \in N(A)$이다.

따라서 정리 2.2에 의하여 A의 영공간은 R^n의 부분공간이다. ■

정의 2.5

$A \in R^{m \times n}$에 대하여 $R(A) = \{y \in R^m \mid y = Ax,\ x \in R^n\}$을 A의 **치역**(range)이라 한다.

≪ 정리 2.5

$A \in R^{m \times n}$에 대하여 A의 치역은 R^m의 부분공간이다.

예제 2.4 (1) $A = \begin{pmatrix} 1 & -3 & -4 \\ -4 & 6 & -2 \\ -3 & 7 & 6 \end{pmatrix}$의 영공간을 구하여 보자.

풀이

$$\begin{pmatrix} 1 & -3 & -4 \\ -4 & 6 & -2 \\ -3 & 7 & 6 \end{pmatrix} \Rightarrow \begin{pmatrix} 1 & -3 & -4 \\ 0 & -6 & -18 \\ 0 & -2 & -6 \end{pmatrix} \Rightarrow \begin{pmatrix} 1 & -3 & -4 \\ 0 & 1 & 3 \\ 0 & 0 & 0 \end{pmatrix}$$

$$\Rightarrow \begin{pmatrix} 1 & 0 & 5 \\ 0 & 1 & 3 \\ 0 & 0 & 0 \end{pmatrix}$$

$$\Rightarrow x_1 + 5x_3 = 0,\ x_2 + 3x_3 = 0$$

이다. 따라서 $N(A) = \{c\begin{pmatrix} 5 \\ 3 \\ -1 \end{pmatrix} \mid c \in R\}$이다. ■

(2) $A = \begin{pmatrix} 1 & 1 & 3 & 1 \\ 2 & 1 & 5 & 4 \\ 1 & 2 & 4 & -1 \end{pmatrix}$의 치역을 구하여 보자

풀이 $Ax = b$라고 하자. 덧붙인 행렬 $\begin{pmatrix} 1 & 1 & 3 & 1 & b_1 \\ 2 & 1 & 5 & 4 & b_2 \\ 1 & 2 & 4 & -1 & b_3 \end{pmatrix}$의 사다리꼴 모양은

$$\begin{pmatrix} 1 & 1 & 3 & 1 & b_1 \\ 0 & -1 & -1 & 2 & b_2 - 2b_1 \\ 0 & 0 & 0 & 0 & -3b_1 + b_2 + b_3 \end{pmatrix}$$

이다. $Ax = b$가 해를 가지려면 $-3b_1 + b_2 + b_3 = 0$ 또는 $b_3 = 3b_1 - b_2$이어야 한다. 그러므로

$$R(A) = \{\begin{pmatrix} b_1 \\ b_2 \\ 3b_1 - b_2 \end{pmatrix} \mid b_1,\ b_2 \in R\}$$

$$= \{b_1\begin{pmatrix} 1 \\ 0 \\ 3 \end{pmatrix} + b_2\begin{pmatrix} 0 \\ 1 \\ -1 \end{pmatrix} \mid b_1,\ b_2 \in R\}$$ ■

문제 2.4 다음 행렬의 영공간과 치역을 구하라.

(1) $\begin{pmatrix} 1 & -2 \\ -3 & 6 \end{pmatrix}$ (2) $\begin{pmatrix} 1 & -1 & 2 \\ 2 & -1 & 5 \end{pmatrix}$

(3) $\begin{pmatrix} 1 & 1 & 3 \\ 2 & 1 & 5 \\ 1 & 2 & 5 \end{pmatrix}$ (4) $\begin{pmatrix} 2 & 3 & 7 \\ 1 & 2 & 4 \\ 2 & 1 & 5 \end{pmatrix}$

(5) $\begin{pmatrix} 1 & 3 \\ 2 & 7 \\ 1 & 5 \end{pmatrix}$ (6) $\begin{pmatrix} 1 & 1 & 3 & 1 \\ 2 & 1 & 5 & 4 \\ 1 & 2 & 4 & -1 \end{pmatrix}$

정의 2.6

$A \in R^{m \times n}$이고 $A_1,\ A_2,\ \cdots,\ A_n$을 A의 열벡터, $a_1,\ a_2,\ \cdots,\ a_m$을 A의 행벡터라고 하자. 열벡터로 생성된 공간 $\mathrm{span}\{A_1,\ A_2,\ \cdots,\ A_n\}$을 A의 열공간(column space), 행벡터로 생성된 공간 $\mathrm{span}\{a_1,\ a_2,\ \cdots,\ a_m\}$을 A의 행공간(row space)이라고 한다.

예를 들면 $A = \begin{pmatrix} 1 & 2 & 4 \\ 3 & 2 & 1 \end{pmatrix}$일 때 A의 열공간은 $\mathrm{span}\left\{\begin{pmatrix} 1 \\ 3 \end{pmatrix},\ \begin{pmatrix} 2 \\ 2 \end{pmatrix},\ \begin{pmatrix} 4 \\ 1 \end{pmatrix}\right\}$, A의 행공간은 $\mathrm{span}\{(1\ \ 2\ \ 4),\ (3\ \ 2\ \ 1)\}$이다. 치역에 속하는 Ax는 열벡터의 일차결합이므로 열공간과 치역 $R(A)$은 같다.

≪정리 2.6

$A \in R^{m \times n}$이고 B가 A와 동치인 행렬이면 A와 B의 행공간은 같다.

예를 들어 $A = \begin{pmatrix} 1 & 1 & 1 \\ 2 & 1 & 4 \\ 1 & -1 & 5 \end{pmatrix}$의 사다리꼴 모양은 $b = \begin{pmatrix} 1 & 1 & 1 \\ 0 & 1 & -2 \\ 0 & 0 & 0 \end{pmatrix}$이다. 따라서
$\text{span}\{(1\ \ 1\ \ 1),\ (2\ \ 1\ \ 4),\ (1\ -1\ \ 5)\} = \text{span}\{(1\ \ 1\ \ 1),\ (0\ \ 1\ -2)\}$

예제 2.5 $\text{span}\{u_1,\ u_2,\ u_3,\ u_4\} = \text{span}\{v_1,\ v_2\}$가 되는 v_1와 v_2를 구하라. 여기서 $u_1,\ u_2,\ u_3,\ u_4$는 다음과 같다.

$$u_1 = \begin{pmatrix} 1 \\ 2 \\ 1 \end{pmatrix},\ u_2 = \begin{pmatrix} 2 \\ 3 \\ 5 \end{pmatrix},\ u_3 = \begin{pmatrix} 1 \\ 4 \\ -5 \end{pmatrix},\ u_4 = \begin{pmatrix} 2 \\ 5 \\ -1 \end{pmatrix}$$

풀이 $A = [u_1,\ u_2,\ u_3,\ u_4]$라고 하자. 즉

$$A = \begin{pmatrix} 1 & 2 & 1 & 2 \\ 2 & 3 & 4 & 5 \\ 1 & 5 & -5 & -1 \end{pmatrix}$$

그러면 $A^T = \begin{pmatrix} 1 & 2 & 1 \\ 2 & 3 & 5 \\ 1 & 4 & -5 \\ 2 & 5 & -1 \end{pmatrix}$의 사다리꼴 모양은 $B^T = \begin{pmatrix} 1 & 2 & 1 \\ 0 & -1 & 3 \\ 0 & 0 & 0 \\ 0 & 0 & 0 \end{pmatrix}$이고, 두 행렬의 행공간은 같다. 그러므로 A와 B의 열공간도 같다. 따라서 v_1과 v_2는 다음과 같다.

$$v_1 = \begin{pmatrix} 1 \\ 2 \\ 1 \end{pmatrix},\ v_2 = \begin{pmatrix} 0 \\ -1 \\ 3 \end{pmatrix}$$

■

문제 2.5 $\text{span}\{u_1,\ u_2,\ u_3,\ u_4\} = \text{span}\{v_1,\ v_2\}$가 되는 v_1와 v_2를 구하라. 여기서 $u_1,\ u_2,\ u_3,\ u_4$는 다음과 같다.

$$u_1 = \begin{pmatrix} 1 \\ 2 \\ 2 \end{pmatrix},\ u_2 = \begin{pmatrix} 1 \\ 5 \\ 3 \end{pmatrix},\ u_3 = \begin{pmatrix} 0 \\ 6 \\ 2 \end{pmatrix},\ u_4 = \begin{pmatrix} 1 \\ -1 \\ 1 \end{pmatrix}$$

2.2 부분공간의 차원

▌정의 2.7

W를 R^n의 부분공간이고 $S=\{w_1,\ \cdots,\ w_m\}\subset W$이라 하자.
$W=\text{span}\{S\}$이면 S는 W를 생성한다(span)고 한다.

표준단위벡터 $S=\{e_1,\ e_2\}\subset R^2$는 $R^2=\text{span}\{S\}$이므로 R^2를 생성한다. 마찬가지로

$$R^n=\{c_1e_1+c_2e_2+\cdots c_ne_n \mid c_i\in R,\ i=1,\ 2,\ \cdots,\ n\}$$

이므로 $S=\{e_1,\ e_2,\ \cdots,\ e_n\}$은 R^n를 생성한다. 여기서 e_i는 i번째 성분이 1이고 나머지는 모두 0인 n차원 벡터이다.

예제 2.6 $u=\begin{pmatrix}1\\2\end{pmatrix},\ v=\begin{pmatrix}1\\1\end{pmatrix}$이다. $\text{span}\{u,\ v\}$를 구하라.

풀이 $\text{span}\{u,\ v\}\subset R^2$임은 당연하다. 임의의 $w=\begin{pmatrix}a\\b\end{pmatrix}\in R^2$에 대하여

$$x\begin{pmatrix}1\\2\end{pmatrix}+y\begin{pmatrix}1\\1\end{pmatrix}=\begin{pmatrix}a\\b\end{pmatrix}$$

인 $x,\ y$가 있는지 살펴보자. 덧붙인 행렬은

$$\begin{pmatrix}1&1&a\\2&1&b\end{pmatrix}\Rightarrow\begin{pmatrix}1&1&a\\0&1&2a-b\end{pmatrix}$$

이다. 따라서 $x=2a-b,\ y=b-a$이다. 그러므로 $w\in\text{span}$

$\{u,\ v\}$이다. 따라서 $\mathrm{span}\{u,\ v\} = R^2$이다. ■

문제 2.6 $\mathrm{span}\{u,\ v,\ w\}$을 구하라.

(1) $u = \begin{pmatrix} 1 \\ -1 \\ 0 \end{pmatrix},\ v = \begin{pmatrix} -2 \\ 3 \\ 1 \end{pmatrix},\ w = \begin{pmatrix} 1 \\ 2 \\ 4 \end{pmatrix}$

(2) $u = \begin{pmatrix} 1 \\ 2 \\ 3 \end{pmatrix},\ v = \begin{pmatrix} -1 \\ 0 \\ -7 \end{pmatrix},\ w = \begin{pmatrix} 2 \\ 7 \\ 0 \end{pmatrix}$

정의 2.8

W를 영집합이 아닌 R^n의 부분공간이라고 하자. 그러면 W를 생성하는 일차독립인 W의 부분집합을 W의 기저(basis)라 한다.

$\begin{pmatrix} 1 \\ 0 \end{pmatrix},\ \begin{pmatrix} 0 \\ 1 \end{pmatrix}$와 $\begin{pmatrix} 1 \\ 0 \\ 0 \end{pmatrix},\ \begin{pmatrix} 0 \\ 1 \\ 0 \end{pmatrix},\ \begin{pmatrix} 0 \\ 0 \\ 1 \end{pmatrix}$은 각각 R^2와 R^3의 기저가 된다. 예제 2.6에서 보듯이 $\left\{\begin{pmatrix} 1 \\ 2 \end{pmatrix},\ \begin{pmatrix} 1 \\ 1 \end{pmatrix}\right\}$은 R^2의 기저가 되고, 또한 $\left\{\begin{pmatrix} 1 \\ -1 \\ 0 \end{pmatrix},\ \begin{pmatrix} -2 \\ 3 \\ 1 \end{pmatrix},\ \begin{pmatrix} 1 \\ 2 \\ 4 \end{pmatrix}\right\}$은 일차독립이고 R^3를 생성하므로 R^3의 기저가 된다.

≪정리 2.7

S를 W의 기저라 하자. 그러면 모든 $w \in W$는 S의 벡터로 유일하게 표현된다.

증명 $S = \{v_1,\ \cdots,\ v_r\}$라 하고

$$w = a_1v_1 + a_2v_2 + \cdots + a_rv_r = b_1v_1 + b_2v_2 + \cdots + b_rv_r$$

라 하자. 그러면

$$(a_1 - b_1)v_1 + (a_2 - b_2)v_2 + \cdots + (a_r - b_r)v_r = 0$$

이다. $\{v_1, \cdots, v_r\}$이 일차독립이므로

$$a_1 - b_1 = 0,\ a_2 - b_2 = 0,\ \cdots,\ a_r - b_r = 0$$

이다. 따라서 유일하게 표현된다. ■

예제 2.7 $S = \{w_1, w_2, w_3, w_4, w_5\}$이고 W는 S에 의해 생성된 R^3의 부분공간이라 하자. W의 기저를 S에서 구하라. 여기서

$$w_1 = \begin{pmatrix} 1 \\ 1 \\ 2 \end{pmatrix},\ w_2 = \begin{pmatrix} 1 \\ 2 \\ 1 \end{pmatrix},\ w_3 = \begin{pmatrix} 1 \\ 4 \\ -1 \end{pmatrix},\ w_4 = \begin{pmatrix} 1 \\ 0 \\ 4 \end{pmatrix},\ w_5 = \begin{pmatrix} 2 \\ 5 \\ 0 \end{pmatrix}$$

이다.

풀이 $a_1w_1 + a_2w_2 + a_3w_3 + a_4w_4 + a_5w_5 = 0$라 하자. 덧붙인 행렬의 사다리꼴은 다음과 같다.

$$\begin{pmatrix} 1 & 1 & 1 & 1 & 2 & 0 \\ 1 & 2 & 4 & 0 & 5 & 0 \\ 2 & 1 & -1 & 4 & 0 & 0 \end{pmatrix} \Rightarrow \begin{pmatrix} 1 & 1 & 1 & 1 & 2 & 0 \\ 0 & 1 & 3 & -1 & 3 & 0 \\ 0 & 0 & 0 & 1 & -1 & 0 \end{pmatrix}$$

따라서

$$\begin{aligned} a_4 &= a_5 \\ a_2 &= -3a_3 + a_4 - 3a_5 = -3a_3 - 2a_5 \\ a_1 &= -a_2 - a_3 - a_4 - 2a_5 = 2a_3 - a_5 \end{aligned}$$

이다. $a_3 = 1,\ a_5 = 0$을 택하면 $a_1 = 2,\ a_2 = -3,\ a_4 = 0$로 $2w_1 - 3w_2 + w_3 = 0$이다. 즉

$$w_3 = -2w_1 + 3w_2$$

이다. $a_3 = 0,\ a_5 = 1$을 택하면 $a_1 = -1,\ a_2 = -2,\ w_4 = 1$로 $-w_1 - 2w_2 + w_4 + w_5 = 0$이다. 즉

$$w_5 = w_1 + 2w_2 - w_4$$

이다. 따라서 $\text{span}\{w_1,\ w_2,\ w_3,\ w_4,\ w_5\} = \text{span}\{w_1,\ w_2,\ w_4\}$ 이다.

한편 $x_1w_1 + x_2w_2 + x_3w_4 = 0$라 하면

$$\begin{pmatrix} 1 & 1 & 1 & 0 \\ 1 & 2 & 0 & 0 \\ 2 & 1 & 4 & 0 \end{pmatrix} \Rightarrow \begin{pmatrix} 1 & 1 & 1 & 0 \\ 0 & 1 & -1 & 0 \\ 0 & 0 & 1 & 0 \end{pmatrix}$$

이 되어 $x_1 = x_2 = x_3 = 0$이 되어 일차독립이다. 그러므로 $\{w_1,\ w_2,\ w_4\}$은 W의 기저이다. ■

문제 2.7 $S = \{w_1,\ w_2,\ w_3,\ w_4\}$이고 W는 S에 의해 생성된 R^3의 부분공간이라 하자. W의 기저를 S에서 구하라. 여기서

$$w_1 = \begin{pmatrix} 1 \\ 2 \\ 1 \end{pmatrix},\ w_2 = \begin{pmatrix} 2 \\ 5 \\ 0 \end{pmatrix},\ w_3 = \begin{pmatrix} 3 \\ 7 \\ 1 \end{pmatrix},\ w_4 = \begin{pmatrix} 1 \\ 1 \\ 3 \end{pmatrix}$$

이다.

정의 2.9

W를 R^n의 부분공간이고 $S = \{w_1,\ \cdots,\ w_p\}$을 W의 기저라 하자. W의 임의의 벡터 v에 대하여 $v = a_1w_1 + a_2w_2 + \cdots + a_pw_p$이면 $(a_1,\ a_2,\ \cdots,\ a_p)$를 S에 관한 v의 **좌표(coordinate)**라 하며 $[v]_S = (a_1,\ a_2,\ \cdots,\ a_p)$로 나타낸다.

예제 2.8 (1) $S = \{e_1,\ e_2,\ e_3\}$라 하자. 그러면 $v = \begin{pmatrix} 5 \\ -5 \\ -2 \end{pmatrix} = 5e_1 - 5e_2 - 2e_3$이므로 S에 관한 v의 좌표 $[v]_S$는 $(5,\ -5,\ -2)$이다.

(2) $S=\{v_1,\ v_2,\ v_3\}$라 하자. 여기서 $v_1=\begin{pmatrix}1\\1\\-1\end{pmatrix}$, $v_2=\begin{pmatrix}-1\\2\\1\end{pmatrix}$, $v_3=\begin{pmatrix}2\\-2\\1\end{pmatrix}$이다. 그러면 $v=\begin{pmatrix}5\\-5\\-2\end{pmatrix}$는 $v=v_1-2v_2+v_3$이다. 따라서 S에 관한 v의 좌표 $[v]_S$는 $(1,\ -2,\ 1)$이다.

문제 2.8 $S=\{v_1,\ v_2,\ v_3\}$라 하자. 여기서 $v_1=\begin{pmatrix}1\\0\\0\end{pmatrix}$, $v_2=\begin{pmatrix}1\\1\\0\end{pmatrix}$, $v_3=\begin{pmatrix}1\\1\\1\end{pmatrix}$이다. S에 관한 $v=\begin{pmatrix}6\\5\\3\end{pmatrix}$의 좌표를 구하라.

≪정리 2.8

$S=\{w_1,\ w_2,\ \cdots,\ w_p\}$를 W의 기저라 하자. 그러면 W의 어떠한 $p+1$개 이상의 벡터는 모두 일차종속이다.

≪정리 2.9

W를 R^n의 부분공간이라 하자. $S=\{w_1,\ w_2,\ \cdots,\ w_p\}$가 W의 기저이면 W의 모든 기저는 p개의 벡터를 갖는다.

정의 2.10

W를 R^n의 부분공간이라 하자. $S=\{w_1,\ w_2,\ \cdots,\ w_p\}$가 W의 기저이면 W의 차원(dimension)은 p이고 $\dim(W)=p$로 나타낸다.

영공간 $\{0\}$의 차원은 0이라 한다. R은 $\{e_1\}$라는 기저를 갖고, R^2은 $\{e_1,\ e_2\}$라는 기저를 갖고, R^3은 $\{e_1,\ e_2,\ e_3\}$라는 기저를 가지므로 $\dim(R)=1$, $\dim(R^2)=2$ 그리고 $\dim(R^3)=3$이다. 마찬가지로 R^n은 $\{e_1,\ e_2,\ \cdots,\ e_n\}$라

는 기저를 가지므로 $\dim(R^n)=n$이다. 따라서 R은 일차원, R^2은 이차원, R^3은 삼차원 그리고 R^n은 n차원 **유클리드 공간**(Euclidean space)이라 한다.

예제 2.9 다음 부분공간의 기저와 차원을 구하라.

$$W=\left\{\begin{pmatrix} x \\ y \\ z \end{pmatrix} \mid x=-y,\ y=2z,\ z\in R\right\}$$

풀이 W에 속하는 원소는 다음과 같다.

$$\begin{pmatrix} x \\ y \\ z \end{pmatrix}=\begin{pmatrix} -2z \\ 2z \\ z \end{pmatrix}=z\begin{pmatrix} -2 \\ 2 \\ 1 \end{pmatrix}$$

따라서 기저는 $\begin{pmatrix} -2 \\ 2 \\ 1 \end{pmatrix}$이고 $\dim(W)=1$이다. W는 공간에서 원점과 $(-2,\ 2,\ 1)$을 통과하는 직선이다. ■

문제 2.9 $W=\text{span}\{w_1,\ w_2,\ w_3,\ w_4\}$의 서로 다른 기저를 구하라. 여기서

$$w_1=\begin{pmatrix} 1 \\ 1 \\ 2 \end{pmatrix},\ w_2=\begin{pmatrix} 2 \\ 4 \\ 0 \end{pmatrix},\ w_3=\begin{pmatrix} 3 \\ 5 \\ 2 \end{pmatrix},\ w_4=\begin{pmatrix} 2 \\ 5 \\ -2 \end{pmatrix}$$

이다.

≪ 정리 2.10

W를 R^n의 부분공간이고 $\dim(W)=p$라 하자. 그러면

(1) W의 p보다 많은 벡터들은 일차종속이다.

(2) p보다 적은 벡터들로 W를 생성할 수 없다.

(3) W의 p개의 일차독립인 벡터의 집합은 기저이다.

(4) W를 생성하는 p개의 벡터의 집합은 기저이다.

예제 2.10 $W=\{\begin{pmatrix} x \\ y \\ z \end{pmatrix} \mid z=4x-2y,\ x,\ y \in R\}$ 이고

$w_1=\begin{pmatrix} 1 \\ -1 \\ 6 \end{pmatrix},\ w_2=\begin{pmatrix} 1 \\ 2 \\ 0 \end{pmatrix},\ w_3=\begin{pmatrix} 2 \\ 1 \\ 6 \end{pmatrix}$이라 하자. W에 속한 벡터는

$$\begin{pmatrix} x \\ y \\ 4x-2y \end{pmatrix}=x\begin{pmatrix} 1 \\ 0 \\ 4 \end{pmatrix}+y\begin{pmatrix} 0 \\ 1 \\ -2 \end{pmatrix}$$

이므로 $\dim(W)=2$이다. $w_1,\ w_2,\ w_3 \in W$이므로 $\{w_1,\ w_2,\ w_3\}$는 일차종속이다. $\{w_1\}$, $\{w_2\}$, $\{w_3\}$ 각각으로는 W를 생성할 수 없다. $\{w_1,\ w_2\}$, $\{w_1,\ w_3\}$, $\{w_2,\ w_3\}$은 각각 일차독립으로 W의 기저가 되며 $\{w_1,\ w_2\}$, $\{w_1,\ w_3\}$, $\{w_2,\ w_3\}$은 각각 W를 생성한다.

문제 2.10 $W=\{\begin{pmatrix} x \\ y \\ z \end{pmatrix} \mid x+2y+3z=0\}$은 R^3의 부분공간으로 $\dim(w)=2$이다.

(1) $\left\{\begin{pmatrix} -3 \\ 0 \\ 1 \end{pmatrix}, \begin{pmatrix} 0 \\ -3 \\ 2 \end{pmatrix}, \begin{pmatrix} 2 \\ -1 \\ 0 \end{pmatrix}\right\}$은 일차독립인가 종속인가?

(2) 백터 $\begin{pmatrix} -5 \\ 1 \\ 1 \end{pmatrix}$은 W를 생성하는가?

(3) w의 기저를 구하라.

정의 2.11

$A \in R^{m \times n}$의 치역 또는 열공간의 차원을 A의 차수라 하며 rank(A)로 나타내며 영공간 $N(A)$의 차원은 nullity(A)로 나타낸다.

예제 2.11 $A=\begin{pmatrix} 1 & 1 & 1 & 2 \\ -1 & 0 & 2 & -3 \\ 2 & 4 & 8 & 5 \end{pmatrix} \in R^{3\times 4}$의 차수와 영공간과 행공간의 차원을 구하라.

풀이 A의 사다리꼴 모양은 다음과 같다.

$$B=\begin{pmatrix} 1 & 1 & 1 & 2 \\ 0 & 1 & 3 & -1 \\ 0 & 0 & 0 & 3 \end{pmatrix}$$

따라서 행공간의 차원은 3이다. 영공간의 벡터는 $Ax=0$을 만족하므로

$$x_1=2x_3,\ x_2=-3x_3,\ x_4=0$$

이다. 따라서 $N(A)=\{x_3\begin{pmatrix} 2 \\ -3 \\ 1 \\ 0 \end{pmatrix} \mid x_3 \in R\}$이다. 그러므로 영공간의 차원은 1이다.

A^T의 사다리꼴 모양은 $C^T=\begin{pmatrix} 1 & -1 & 2 \\ 0 & 1 & 2 \\ 0 & 0 & 3 \\ 0 & 0 & 0 \end{pmatrix}$이므로

$C=\begin{pmatrix} 1 & 0 & 0 & 0 \\ -1 & 1 & 0 & 0 \\ 2 & 2 & 3 & 0 \end{pmatrix}$이다. 따라서 열공간 또는 치역의 차원인 차수는 3이다. ■

≪ 정리 2.11

$A \in R^{m\times n}$이면 $n=\text{rank}(A)+\text{nullity}(A)$이다.

문제 2.11 $A = \begin{pmatrix} 2 & 5 & -3 & -4 & 8 \\ 4 & 7 & -4 & -3 & 9 \\ 6 & 9 & -5 & 2 & 4 \\ 0 & -9 & 6 & 5 & -6 \end{pmatrix}$의 차수와 영공간과 행공간의 차원을 구하라.

≪정리 2.12

$A \in R^{m \times n}$에서 A의 차수와 A^T의 차수는 같다.

위 정리에 의하여 A의 열공간과 행공간의 차원은 서로 같다.

≪정리 2.13

$A \in R^{m \times n}$에서 $Ax = b$가 해를 갖기 위한 필요충분조건은 $\text{rank}(A) = \text{rank}([A|b])$이다.

증명 $Ax = b$가 해를 갖기 위해서는 b가 $\text{span}\{A_1, A_2, \cdots, A_n\}$에 속해야 하므로 $\text{span}\{A_1, A_2, \cdots, A_n\} = \text{span}\{A_1, A_2, \cdots, A_n, b\}$이다. 그러므로 $\text{rank}(A) = \text{rank}([A|b])$이다. ■

≪정리 2.14

$A \in R^{n \times n}$에서 A가 정칙이기 위한 필요충분조건은 $\text{rank}(A) = n$이다.

증명 $A = [A_1, A_2, \cdots, A_n]$이 정칙이면 $\{A_1, A_2, \cdots, A_n\}$이 일차독립이므로 $\text{rank}(A) = n$이다. 역도 성립한다. ■

2.3 직교기저

두 벡터 $u = \begin{pmatrix} 1 \\ -2 \end{pmatrix}$, $v = \begin{pmatrix} 2 \\ 1 \end{pmatrix}$의 곱 $u \cdot v = u^T v = 0$이다. 이 경우 u와 v는 수직(perpendicular)이라고 하며 $u \perp v$로 나타낸다.

▌정의 2.12

$Q = \{q_1, q_2, \cdots, q_r\}$이 R^n의 부분집합이라 하자. $i \neq j$에 대하여 $q_i^T q_j = 0$이면 Q를 직교집합(orthogonal set)이라 한다.

예를 들어 R^n를 생성하는 표준단위벡터의 집합 $S = \{e_1, e_2, \cdots, e_n\}$은 직교집합이다. 다른 예로

$$w_1 = \begin{pmatrix} 1 \\ 0 \\ 1 \end{pmatrix}, \; w_2 = \begin{pmatrix} 1 \\ 1 \\ -1 \end{pmatrix}, \; w_3 = \begin{pmatrix} 1 \\ -2 \\ -1 \end{pmatrix}$$

이라고 하자. $w_1^T w_2 = w_2^T w_3 = w_3^T w_1 = 0$이므로 $\{w_1, w_2, w_3\}$은 직교집합이다.

《 정리 2.15

R^n의 부분집합 $Q = \{q_1, q_2, \cdots, q_r\}$가 직교집합이면 일차독립이다.

증명 $a_1 q_1 + a_2 q_2 + \cdots + a_r q_r = 0$이라고 하자. $i = 1, \cdots, r$에 대하여

$$0 = q_i^T (a_1 q_1 + a_2 q_2 + \cdots + a_r q_r) = a_i q_i^T q_i = a_i \| q_i \|^2$$

이다. $\| q_i \| \neq 0$이므로 $a_i = 0$이다. 따라서 일차독립이다. ■

정의 2.13

W은 R^n의 부분공간이고 $S=\{q_1,\ \cdots,\ q_r\}$이 W의 기저이다. S가 직교집합이면 S를 **직교기저**(orthogonal basis)라 한다.
특히 $\|q_i\|=1,\ i=1,\ \cdots,\ r$이면 S를 **정규직교기저**(orthonormal basis)라 한다. 여기서 $\|q_i\|=\sqrt{q_i^T q_i}$이다.

$\|e_i\|=1$이므로 R^n를 생성하는 표준단위벡터의 집합 $S=\{e_1,\ e_2,\ \cdots,\ e_n\}$은 정규직교집합이다. 위에서 예로 든 직교벡터를 자신의 크기로 나눈

$$w_1=\frac{1}{\sqrt{2}}\begin{pmatrix}1\\0\\1\end{pmatrix},\ w_2=\frac{1}{\sqrt{3}}\begin{pmatrix}1\\1\\-1\end{pmatrix},\ w_3=\frac{1}{\sqrt{6}}\begin{pmatrix}1\\-2\\-1\end{pmatrix}$$

은 각각 크기가 1이므로 $\{w_1,\ w_2,\ w_3\}$은 정규직교집합이다. 마찬가지로 $S=\{q_1,\ q_2,\ \cdots,\ q_r\}$가 직교집합이면

$$S=\left\{\frac{q_1}{\|q_1\|},\ \frac{q_2}{\|q_2\|},\ \cdots,\ \frac{q_r}{\|q_r\|}\right\}$$

은 정규직교집합이 된다.

≪정리 2.16

W는 R^n의 부분공간이고 $\dim(W)=p$이다. 그러면 p개로 이루어진 직교집합 S가 W의 부분집합이면 S는 W의 직교기저이다.

$Q=[q_1,\ q_2,\ \cdots,\ q_r]\in R^{n\times r}$라 하자. $\{q_1,\ q_2,\ \cdots,\ q_r\}$이 정규직교집합이라면

$$Q^TQ=\begin{pmatrix}q_1^T\\ \vdots\\ q_r^T\end{pmatrix}(q_1,\ \cdots,\ q_r)=(q_i^Tq_j)=I$$

이 된다.

위에서 예로 든 수직인 두 벡터 $u = \begin{pmatrix} 1 \\ -2 \end{pmatrix}$, $v = \begin{pmatrix} 2 \\ 1 \end{pmatrix}$에서 $q_1 = \frac{1}{\sqrt{5}}\begin{pmatrix} 1 \\ -2 \end{pmatrix}$, $q_2 = \frac{1}{\sqrt{5}}\begin{pmatrix} 2 \\ 1 \end{pmatrix}$라고 하면 $\|q_1\| = \|q_2\| = 1$으로 $\{q_1, q_2\}$은 정규직교집합이다. $Q = [q_1, q_2]$라 하면 다음과 같다.

$$Q^T Q = \frac{1}{5}\begin{pmatrix} 1 & -2 \\ 2 & 1 \end{pmatrix}\begin{pmatrix} 1 & 2 \\ -2 & 1 \end{pmatrix} = \begin{pmatrix} 1 & 1 \\ 1 & 1 \end{pmatrix}$$

정의 2.9에 의하면 $S = \{w_1, \cdots, w_p\}$이 W의 기저이고 W의 임의의 벡터 v에 대하여 $v = a_1 w_1 + a_2 w_2 + \cdots + a_p w_p$이면 $(a_1, a_2, \cdots, a_p)$를 S에 관한 v의 **좌표**라 하였다.

기저가 직교집합이면 이 좌표를 더 쉽게 구할 수 있다. 예를 들어 $S = \{w_1, w_2, w_3\}$를 R^3에 대한 직교기저라 하자. 벡터 $v \in R^3$의 S에 관한 v의 좌표를 (a_1, a_2, a_3)라 하면

$$v = a_1 w_1 + a_2 w_2 + a_3 w_3$$

이다. 그러면 $w_1^T v = a_1 (w_1^T w_1)$, $w_2^T v = a_2 (w_2^T w_2)$, $w_3^T v = a_3 (w_3^T w_3)$이 되어

$$a_1 = \frac{w_1^T v}{w_1^T w_1}, \quad a_2 = \frac{w_2^T v}{w_2^T w_2}, \quad a_3 = \frac{w_3^T v}{w_3^T w_3}$$

이 된다. 특히 $S = \{w_1, w_2, w_3\}$이 정규직교기저이면

$$a_1 = w_1^T v, \quad a_2 = w_2^T v, \quad a_3 = w_3^T v$$

가 된다.

예제 2.12 $w_1 = \begin{pmatrix} 1 \\ 2 \\ 1 \end{pmatrix}$, $w_2 = \begin{pmatrix} 3 \\ -1 \\ -1 \end{pmatrix}$, $w_3 = \begin{pmatrix} 1 \\ -4 \\ 7 \end{pmatrix}$이다. $S = \{w_1, w_2, w_3\}$

에 관한 $v=\begin{pmatrix}12\\-3\\6\end{pmatrix}$의 좌표를 구하라.

풀이 $a_1=\dfrac{w_1^Tv}{w_1^Tw_1}=\dfrac{12}{6}=2$, $a_2=\dfrac{w_2^Tv}{w_2^Tw_2}=\dfrac{33}{11}=3$,

$a_3=\dfrac{w_3^Tv}{w_3^Tw_3}=\dfrac{66}{66}=1$이므로

$$v=2w_1+3w_2+w_3$$

이다. 따라서 $[v]_S=(2,\ 3,\ 1)$이다. ■

문제 2.12 $w_1=\begin{pmatrix}1\\1\\1\end{pmatrix}$, $w_2=\begin{pmatrix}-1\\0\\1\end{pmatrix}$, $w_3=\begin{pmatrix}-1\\2\\-1\end{pmatrix}$이다. $S=\{w_1,\ w_2,\ w_3\}$이 직교집합임을 보이고 S에 관한 $v=\begin{pmatrix}1\\2\\1\end{pmatrix}$의 좌표를 구하라.

≪ 정리 2.17 그람-슈미트 직교화(Gram-Schmidt Orthogonalization)

W를 R^n의 p차원 부분공간이고 $\{w_1,\ \cdots,\ w_p\}$을 W의 기저라 하자. 그러면 $\{u_1,\ u_2,\ \cdots,\ u_p\}$은 W의 직교기저이다. 여기서

$$u_1=w_1$$

$$u_2=w_2-\frac{u_1^Tw_2}{u_1^Tu_1}u_1$$

$$u_3=w_3-\frac{u_1^Tw_3}{u_1^Tu_1}u_1-\frac{u_2^Tw_3}{u_2^Tu_2}u_2$$

일반적으로

$$u_i=w_i-\sum_{k=1}^{i-1}\frac{u_k^Tw_i}{u_k^Tu_k}u_k,\ 1\le i\le p$$

정리 2.17을 살펴보면 직교벡터는 새로 구하고자 하는 벡터 u_i는 다음 벡터 w_i와 그 전에 구해진 벡터들 u_j, $j=1, \cdots, i-1$의 일차결합으로 이루어져 있다. 즉

$$
\begin{aligned}
u_1 &= w_1 \\
u_2 &= w_2 + au_1 \\
u_3 &= w_3 + bu_1 + cu_2 \\
&\vdots
\end{aligned}
$$

이다. 각 계수들은 $\{u_i\}$의 직교 성질을 이용하여 정리와 같이 구해진다.

예제 2.13 $w_1 = \begin{pmatrix} 1 \\ 2 \end{pmatrix}$, $w_2 = \begin{pmatrix} 2 \\ 1 \end{pmatrix}$이다. $W = \mathrm{span}\{w_1, w_2\}$의 직교기저를 구하라.

풀이 $u_1 = w_1$

$$u_2 = w_2 - \frac{u_1^T w_2}{u_1^T u_1} u_1 = w_2 - \frac{4}{5} u_1 = \frac{1}{5}\begin{pmatrix} 6 \\ -3 \end{pmatrix}$$

따라서 직교기저는 $u_1 = \begin{pmatrix} 1 \\ 2 \end{pmatrix}$, $u_2 = \begin{pmatrix} -2 \\ 1 \end{pmatrix}$이다.

공식을 사용하지 않고 $u_2 = w_2 + au_1$라 놓으면
$u_1^T u_2 = u_1^T w_2 + a u_1^T u_1 = 0$이므로

$$a = -\frac{u_1^T w_2}{u_1^T u_1} = -\frac{4}{5}$$

와 같이 구할 수도 있다. ■

문제 2.13 다음 벡터로 생성된 부분공간의 직교기저를 구하라.

$$(1)\ w_1 = \begin{pmatrix} 1 \\ 1 \\ 2 \end{pmatrix},\ w_2 = \begin{pmatrix} 0 \\ 2 \\ -4 \end{pmatrix}$$

$$(2)\ w_1 = \begin{pmatrix} 0 \\ 1 \\ 2 \\ 1 \end{pmatrix},\ w_2 = \begin{pmatrix} 0 \\ 1 \\ 3 \\ 1 \end{pmatrix},\ w_3 = \begin{pmatrix} 1 \\ 1 \\ 1 \\ 0 \end{pmatrix}$$

2.4 R^n에서 R^m으로 가는 선형변환

R^n의 부분공간 V에서 R^m의 부분공간 W로 가는 함수 $F: V \to W$를 $w = F(v)$라고 하자. 예를 들어 $F: R^3 \to R^2$를 $F(\begin{pmatrix} x_1 \\ x_2 \\ x_3 \end{pmatrix}) = \begin{pmatrix} x_1 - x_2 \\ x_2 + x_3 \end{pmatrix}$라 하면 $F(x) = \begin{pmatrix} 1 & -1 & 0 \\ 0 & 1 & 1 \end{pmatrix} x$로 나타낼 수 있고 $F(\begin{pmatrix} 1 \\ 2 \\ 3 \end{pmatrix}) = \begin{pmatrix} -1 \\ 5 \end{pmatrix}$이다. 한편 $F: R^2 \to R^3$를 $F(\begin{pmatrix} x_1 \\ x_2 \end{pmatrix}) = \begin{pmatrix} x_1 - x_2 \\ x_1 + x_2 \\ 2x_1 + 3x_2 \end{pmatrix}$라 하면 $F(x) = \begin{pmatrix} 1 & -1 \\ 1 & 1 \\ 2 & 3 \end{pmatrix} x$로 나타낼 수 있고 $F(\begin{pmatrix} 1 \\ 2 \end{pmatrix}) = \begin{pmatrix} -1 \\ 3 \\ 8 \end{pmatrix}$이가 된다. 변환에 대응하는 행렬을 A라고 하면

$$T(x) = Ax$$

라고 행렬과 벡터의 곱으로 나타낼 수 있다. 따라서

$$T(x+y) = T(x) + T(y),\quad T(\alpha x) = \alpha T(x)$$

이 성립한다.

정의 2.14

R^n의 부분공간 V에서 R^m의 부분공간 W로 가는 함수 $T: V \to W$가

(1) 모든 $x,\ y \in V$에 다하여 $T(u+v) = T(u) + T(v)$

(2) 임의의 상수 α에 대하여 $T(\alpha u) = \alpha T(u)$

을 만족하면 T를 **선형변환**(linear transformation)이라 한다.

예제 2.14 $F\left(\begin{pmatrix} x_1 \\ x_2 \\ x_3 \end{pmatrix}\right) = \begin{pmatrix} x_1 - x_2 \\ x_2 + x_3 \end{pmatrix}$에서 임의의 $u,\ v \in R^3$와 상수 α에 대하여

$$F(u+v) = F\left(\begin{pmatrix} u_1 + v_1 \\ u_2 + v_2 \\ u_3 + v_3 \end{pmatrix}\right) = \begin{pmatrix} (u_1 + v_1) - (u_2 + v_2) \\ (u_2 + v_2) + (u_3 + v_3) \end{pmatrix}$$

$$= \begin{pmatrix} u_1 - u_2 \\ u_2 + u_3 \end{pmatrix} + \begin{pmatrix} v_1 - v_2 \\ v_2 + v_3 \end{pmatrix} = F(u) + F(v)$$

$$F(\alpha x) = F\left(\begin{pmatrix} \alpha x_1 \\ \alpha x_2 \\ \alpha x_3 \end{pmatrix}\right) = \begin{pmatrix} \alpha x_1 - \alpha x_2 \\ \alpha x_2 + \alpha x_3 \end{pmatrix}$$

$$= \alpha \begin{pmatrix} x_1 - x_2 \\ x_2 + x_3 \end{pmatrix} = \alpha F(x)$$

이므로 선형변환이다. 또는 $F(x) = Ax,\ A = \begin{pmatrix} 1 & -1 & 0 \\ 0 & 1 & 1 \end{pmatrix}$이므로 행렬의 성질에 의하여

$$F(u+v) = A(u+v) = Au + Av = F(u) + F(v)$$

$$F(\alpha x) = A(\alpha x) = \alpha Ax = \alpha F(x)$$

이므로 역시 선형변환이다.

문제 2.14 (1) $F(\begin{pmatrix} x_1 \\ x_2 \end{pmatrix}) = \begin{pmatrix} x_1 - x_2 \\ 3x_2 \end{pmatrix}$는 R^2에서 R^2로 가는 선형변환임을 보여라.

(2) $F(\begin{pmatrix} x_1 \\ x_2 \end{pmatrix}) = \begin{pmatrix} x_1 - 3x_2 \\ 3x_1 + 5x_2 \\ -x_1 + 7x_2 \end{pmatrix}$는 R^2에서 R^3로 가는 선형변환임을 보여라.

정의 2.15

W를 R^n의 p차원 부분공간이고 $S = \{w_1, \cdots, w_p\}$을 W의 정규직교기저라 하자. R^n에서 W로 가는 함수 $T: R^n \to W$을

$$T(v) = (v^T w_1)w_1 + (v^T w_2)w_2 + \cdots + (v^T w_p)w_p$$

라 하자. 이때 $T(v)$를 v를 W에 내린 직교투영(orthogonal projection)이라 한다.

위에서 정의한 $T: R^n \to W$는

$$\begin{aligned} T(u+v) &= ((u+v)^T w_1)w_1 + ((u+v)^T w_2)w_2 + \cdots + ((u+v)^T w_p)w_p \\ &= T(u) + T(v) \end{aligned}$$

$$\begin{aligned} T(\alpha v) &= ((\alpha v)^T w_1)w_1 + ((\alpha v)^T w_2)w_2 + \cdots + ((\alpha v)^T w_p)w_p \\ &= \alpha[(v^T w_1)w_1 + (v^T w_2)w_2 + \cdots + (v^T w_p)w_p] = \alpha T(v) \end{aligned}$$

이므로 선형변환이다.

예를 들어 W는 xy평면이고 $S = \{e_1, e_2\}$라 하자. 즉
$W = \{\begin{pmatrix} 1 \\ 0 \\ 0 \end{pmatrix} s + \begin{pmatrix} 0 \\ 1 \\ 0 \end{pmatrix} t \mid s, t \in R\}$이고 $e_1 = \begin{pmatrix} 1 \\ 0 \\ 0 \end{pmatrix}$, $e_2 = \begin{pmatrix} 0 \\ 1 \\ 0 \end{pmatrix}$이다. $x = \begin{pmatrix} x_1 \\ x_2 \\ x_3 \end{pmatrix}$에 대하여

$$T(x) = (x^T e_1)e_1 + (x^T e_2)e_2 = x_1 e_1 + x_2 e_2 = \begin{pmatrix} x_1 \\ x_2 \\ \theta \end{pmatrix}$$

이다. 따라서 $T: R^3 \to R^2$은 삼차원 공간 R^3에서 이차원 공간인 평면 R^2에 내린 투영이 된다.

R^n의 부분공간 W에서 W로 가는 함수 $T: W \to W$를 $T(x) = ax$라고 정의하자. 그러면

$$T(x+y) = a(x+y) = ax + ay = T(x) + T(y)$$
$$T(kx) = a(kx) = k(ax) = kT(x)$$

가 되어 선형변환이다. 이 선형변환을 $a > 1$이면 벡터의 길이가 늘어나서 **확대**(dilation)라 하고, $0 < a < 1$이면 불어들어 **수축**(contraction)이라 한다. $a = 1$이면 변함이 없어 **항등변환**(identity transformation)이라고 한다.

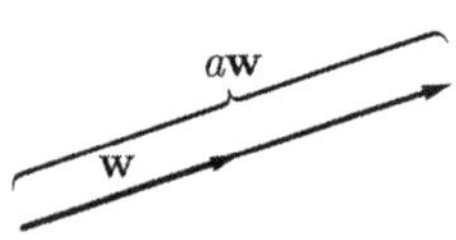

$a > 1$, 확대

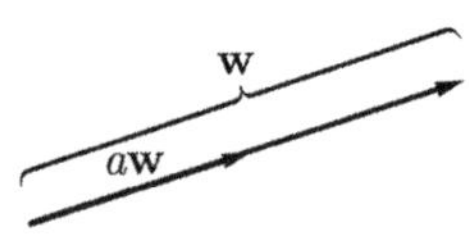

$0 < a < 1$, 수축

모든 벡터를 0으로 보내는 $T(x) = 0$도 당연히 선형변환이다.

V와 W를 부분공간이라 하자. $T: V \to W$가 선형변환이면 임의의 $v_1, v_2, \cdots, v_r \in V$와 상수 $c_1, c_2, \cdots, c_r$에 대하여

$$T(c_1 v_1 + v_2 v_2 + \cdots + c_r v_r) = c_1 T(v_1) + c_2 T(v_2) + \cdots + c_r T(v_r)$$

이 된다.

예제 2.15 $W=\{\begin{pmatrix} s \\ s+t \\ t \end{pmatrix} \mid s,\ t \in R\} \subset R^3$이라 하자. 그러면 $w_1=\begin{pmatrix} 1 \\ 1 \\ 0 \end{pmatrix}$, $w_2=\begin{pmatrix} 0 \\ 1 \\ 1 \end{pmatrix}$은 W의 기저이다. 변환 T: $W \to R^2$은 $T(w_1)=\begin{pmatrix} 1 \\ 1 \end{pmatrix}$, $T(w_2)=\begin{pmatrix} 1 \\ 0 \end{pmatrix}$인 선형변환이다.

$w=\begin{pmatrix} 1 \\ 3 \\ 2 \end{pmatrix}=w_1+2w_2$이므로

$$T(w)=T(w_1)+2T(w_2)=\begin{pmatrix} 1 \\ 1 \end{pmatrix}+2\begin{pmatrix} 1 \\ 0 \end{pmatrix}=\begin{pmatrix} 3 \\ 1 \end{pmatrix}$$

가 된다.

문제 2.15 T: $R^3 \to R^2$은 다음과 같이 정의된 선형변환이다.

$$T(e_1)=\begin{pmatrix} 1 \\ 2 \end{pmatrix},\ T(e_2)=\begin{pmatrix} -1 \\ 1 \end{pmatrix},\ T(e_3)=\begin{pmatrix} 2 \\ 3 \end{pmatrix}$$

임의의 벡터 $x=\begin{pmatrix} x_2 \\ x_2 \\ x_3 \end{pmatrix}$에 대하여 $T(x)$를 구하라.

《 정리 2.18

T: $R^n \to R^m$을 선형변환이라 하고 $e_1,\ e_2,\ \cdots,\ e_n \in R^n$을 표준단위벡터라 하자.

$$A=[T(e_1),\ T(e_2),\ \cdots,\ T(e_n)]$$

라고 정의하면 $T(x)=Ax$이다.

증명 임의의 벡터 $x=\begin{pmatrix} x_2 \\ x_2 \\ \vdots \\ x_n \end{pmatrix} \in R^n$에 대하여 $x=x_1e_1+x_2e_2+\cdots+x_ne_n$이다. 따라서

$$\begin{aligned} T(x) &= x_1T(e_1)+x_2T(e_2)+\cdots+x_nT(e_n) \\ &= [T(e_1),\ T(e_2),\ \cdots,\ T(e_n)]\begin{pmatrix} x_1 \\ x_2 \\ \vdots \\ x_n \end{pmatrix} = Ax \end{aligned}$$

이다. ■

예제 2.16 $T\left(\begin{pmatrix} x_1 \\ x_2 \end{pmatrix}\right)=\begin{pmatrix} x_1-3x_2 \\ 3x_1+5x_2 \\ -x_1+7x_2 \end{pmatrix}$이면 $T(e_1)=\begin{pmatrix} 1 \\ 3 \\ -1 \end{pmatrix}$, $T(e_2)=\begin{pmatrix} -3 \\ 5 \\ 7 \end{pmatrix}$이다.

따라서 $A=\begin{pmatrix} 1 & -3 \\ 3 & 5 \\ -1 & 7 \end{pmatrix}$이다. 그러므로

$$\begin{aligned} T\left(\begin{pmatrix} x_1 \\ x_2 \end{pmatrix}\right) &= \begin{pmatrix} x_1-3x_2 \\ 3x_1+5x_2 \\ -x_1+7x_2 \end{pmatrix} = \begin{pmatrix} 1 & -3 \\ 3 & 5 \\ -1 & 7 \end{pmatrix}\begin{pmatrix} x_1 \\ x_2 \end{pmatrix} \\ &= [T(e_1),\ T(e_2)]\begin{pmatrix} x_1 \\ x_2 \end{pmatrix} \end{aligned}$$

이다.

문제 2.16 다음 선형변환에 대응하는 행렬 A를 구하라.

(1) $T\left(\begin{pmatrix} x_1 \\ x_2 \end{pmatrix}\right)=\begin{pmatrix} x_1+3x_2 \\ 3x_1+5x_2 \end{pmatrix}$ (2) $T\left(\begin{pmatrix} x_1 \\ x_2 \end{pmatrix}\right)=\begin{pmatrix} x_1-x_2 \\ x_1+x_2 \\ x_1 \end{pmatrix}$

(3) $T\left(\begin{pmatrix} x_1 \\ x_2 \\ x_3 \end{pmatrix}\right)=\begin{pmatrix} x_1-2x_2 \\ 2x_2+3x_3 \end{pmatrix}$ (4) $T\left(\begin{pmatrix} x_1 \\ x_2 \\ x_3 \end{pmatrix}\right)=2x_1-3x_2+4x_3$

▌정의 2.16

V와 W를 부분공간이라 하고 $T: V \to W$가 선형변환이라 하자. 그러면
$N(T) = \{v \in V \mid T(v) = 0\}$을 T의 **영공간**(null space)이라 하며
$R(T) = \{w \in W \mid w = T(v),\ v \in V\}$을 T의 **치역**(range)이라 한다.

$T(x) = Ax$이면 T의 영공간과 치역은 A의 영공간과 치역과 같다. $T: R^n \to R^m$이고 $T(x) = Ax$이면 $\text{rank}(T) + \text{nullity}(T) = n$이다.

예제 2.17 $T\begin{pmatrix} x_1 \\ x_2 \\ x_3 \end{pmatrix} = \begin{pmatrix} x_1 - x_2 \\ x_2 + x_3 \end{pmatrix}$에서 $\text{rank}(T)$와 $\text{nullity}(T)$를 구하라.

풀이 $A = [T(e_1),\ T(e_2),\ T(e_3)] = \begin{pmatrix} 1 & -1 & 0 \\ 0 & 1 & 1 \end{pmatrix}$

$$N(T) = N(A) = \{(x_1,\ x_2,\ x_3) \mid x_1 = -x_3,\ x_2 = -x_3\}$$

$$= \left\{c\begin{pmatrix} 1 \\ 1 \\ -1 \end{pmatrix} \mid c \in R\right\}$$

으로 $\text{nullity}(T) = 1$이다. 따라서 $\text{rank}(T) = 3 - 1 = 2$이다.
그러므로 $R(T) = R^2$이다. ■

문제 2.17 $T\begin{pmatrix} x_1 \\ x_2 \end{pmatrix} = \begin{pmatrix} x_1 - 3x_2 \\ 3x_1 + 5x_2 \\ -x_1 + 7x_2 \end{pmatrix}$에서 $\text{rank}(T)$와 $\text{nullity}(T)$를 구하라.

▌정의 2.17

선형변환 $T: R^2 \to R^2$이 $\|T(v)\| = \|v\|$이면 **직교변환**(orthogonal transformation)이라고 한다.

예제 2.18 선형변환 $T: R^2 \to R^2$를 $T(x) = Ax$라고 하자. 여기서

$$A = \begin{pmatrix} \cos\theta & -\sin\theta \\ \sin\theta & \cos\theta \end{pmatrix}$$

이다. 그러면 $T(x)$는 벡터 x를 θ만큼 시계 반대 방향으로 돌린 변환으로 직교변환이다.

풀이 $x = \begin{pmatrix} a \\ b \end{pmatrix}$, $T(x) = \begin{pmatrix} c \\ d \end{pmatrix}$라고 하자. 그러면

$$\begin{pmatrix} c \\ d \end{pmatrix} = \begin{pmatrix} \cos\theta & -\sin\theta \\ \sin\theta & \cos\theta \end{pmatrix}\begin{pmatrix} a \\ b \end{pmatrix} = \begin{pmatrix} a\cos\theta - b\sin\theta \\ a\sin\theta + b\cos\theta \end{pmatrix}$$

이다. 벡터 x의 길이를 $r = \|x\|$, 편각을 ϕ라 하면

$$a = r\cos\phi, \quad b = r\sin\phi$$

이다. 이것을 대입하면

$$c = r\cos\phi\cos\theta - r\sin\phi\sin\theta = r\cos(\phi + \theta)$$
$$d = r\cos\phi\sin\theta + r\sin\phi\cos\theta = r\sin(\phi + \theta)$$

이다. 따라서 $T(x)$는 벡터 x를 시계 반대 방향으로 θ만큼 돌린 벡터이다. $\|T(x)\| = \|x\|$이므로 직교변환이다.

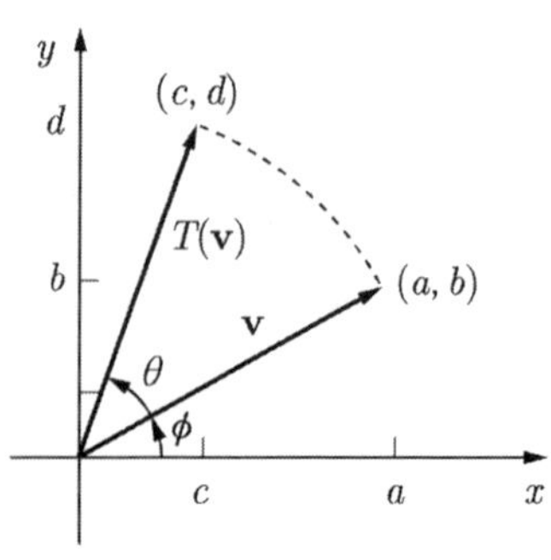

■

문제 2.18 선형변환 $T: R^2 \rightarrow R^2$를 $T(x) = Ax$라고 하자. A가 다음과 같을 때 임의의 벡터 $x \in R^2$에 대하여 $T(x)$는 어떤 모양인가?

(1) $A = \begin{pmatrix} -1/2 & \sqrt{3}/2 \\ -\sqrt{3}/2 & -1/2 \end{pmatrix}$ (2) $A = \begin{pmatrix} 1/2 & \sqrt{3}/2 \\ -\sqrt{3}/2 & 1/2 \end{pmatrix}$

(3) $A = \begin{pmatrix} \cos\theta & \sin\theta \\ -\sin\theta & \cos\theta \end{pmatrix}$ (4) $A = \begin{pmatrix} -1 & 0 \\ 0 & 1 \end{pmatrix}$

≪ 정리 2.19

$T: R^2 \rightarrow R^2$가 선형변환이라고 하자. T가 직교변환이기 위한 필요충분조건은 $\|T(e_1)\| = \|T(e_2)\| = 1$이고 $T(e_1)$과 $T(e_2)$가 직교한다.

증명 $u_1 = T(e_1)$과 $u_2 = T(e_2)$이라고 하자. T가 직교변환이라면 $\|T(x)\| = \|x\|$이다. 따라서 $\|T(e_1)\| = \|T(e_2)\| = 1$이다.

한편 $x = (1,\ 1)^T = e_1 + e_2$이므로

$$2 = \|x\|^2 = \|T(x)\|^2 = \|T(e_1) + T(e_2)\|^2$$

이다. 따라서

$$\begin{aligned} 2 &= \|u_1 + u_2\|^2 \\ &= (u_1 + u_2)^T (u_1 + u_2) \\ &= (u_1^T + u_2^T)(u_1 + u_2) \\ &= \|u_1\|^2 + 2u_1^T u_2 + \|u_2\|^2 = 2 + 2u_1^T u_2 \end{aligned}$$

이다. 따라서 $T(e_1)$과 $T(e_2)$는 직교한다.

역으로 $\|T(e_1)\| = \|T(e_2)\| = 1$이고 $T(e_1)$과 $T(e_2)$가 직교라 하자. 즉 $\|u_1\| = \|u_2\| = 1$이고 $u_1^T u_2 = 0$이다. 그러면 임의의 $x \in R^2$에 대하여

$T(x) = x_1 T(e_1) + x_2 T(e_2) = x_1 u_1 + x_2 u_2$이므로

$$\begin{aligned} \| T(x) \|^2 &= (x_1 u_1 + x_2 u_2)^T (x_1 u_1 + x_2 u_2) \\ &= x_1^2 + x_2^2 = \| x \|^2 \end{aligned}$$

이다. 따라서 $\| T(x) \| = \| x \|$이므로 T가 직교변환이다. ■

$T(e_1) = u_1$이고 $T(e_2) = u_2$라고 하자. 여기서 $u_1 = \begin{pmatrix} a \\ b \end{pmatrix}$이고 $a^2 + b^2 = 1$, 즉 $\| u_1 \| = 1$라고 하자. u_2를 u_1과 수직인 벡터라고 하면 $u_2 = \begin{pmatrix} -b \\ a \end{pmatrix}$ 또는 $u_2 = \begin{pmatrix} b \\ -a \end{pmatrix}$ 뿐이다. 만일

$$A = \begin{pmatrix} a & -b \\ b & a \end{pmatrix}$$

라고 하면 $T(x)$는 벡터 x를 편각 $\theta = \tan^{-1} \dfrac{b}{a}$만큼 시계 반대 방향으로 돌린 회전변환이다. 만일

$$A = \begin{pmatrix} a & b \\ b & -a \end{pmatrix}$$

라고 하면, $T(x)$는 벡터 x를 원점을 지나고 기울기가 $\tan(\theta/2)$인 직선에 대칭으로 움직인 **대칭변환**이다. 따라서 $A = \begin{pmatrix} \cos\theta & \sin\theta \\ \sin\theta & -\cos\theta \end{pmatrix}$라 하면, Av는 v를 원점을 지나고 기울기가 $\tan\dfrac{\theta}{2}$인 직선에 대칭으로 움직인 변환이다.

회전변환이나 대칭변환이나 $A^T A = I$이다. 이러한 행렬을 **직교행렬**(orthogonal matrix)이라 한다. 만일 A가 직교행렬이면

$$\| T(x) \|^2 = (Ax)^T (Ax) = x^T (A^T A) x = x^T I x = \| x \|^2$$

이 되어 T는 직교변환이 된다.

예제 2.19 $A=\begin{pmatrix} 1/2 & -\sqrt{3}/2 \\ \sqrt{3}/2 & 1/2 \end{pmatrix}$이면 $\tan(\pi/3)=\sqrt{3}$이므로 $T(x)$는 벡터 x를 $\dfrac{\pi}{3}$편각만큼 시계 반대 방향으로 돌린 회전변환이고, $A=\begin{pmatrix} 1/2 & \sqrt{3}/2 \\ \sqrt{3}/2 & -1/2 \end{pmatrix}$이면 $\tan(\pi/6)=\dfrac{1}{2}$이므로 $T(x)$는 벡터 x를 원점을 지나고 기울기가 $\dfrac{1}{2}$인 직선에 대칭으로 움직인 대칭변환이다. 또한

$$A^TA=\begin{pmatrix} 1/2 & \sqrt{3}/2 \\ -\sqrt{3}/2 & 1/2 \end{pmatrix}\begin{pmatrix} 1/2 & -\sqrt{3}/2 \\ \sqrt{3}/2 & 1/2 \end{pmatrix}=\begin{pmatrix} 1 & 0 \\ 0 & 1 \end{pmatrix}$$

이므로 T는 직교변환이 된다.

문제 2.19 $A=\begin{pmatrix} 1/2 & \sqrt{3}/2 \\ \sqrt{3}/2 & -1/2 \end{pmatrix}$이다. $T(x)=Ax$은 벡터 x를 원점을 지나고 기울기가 $\dfrac{1}{2}$인 직선에 대칭으로 움직인 대칭변환이고 직교변환임을 그래프로 보여라.

연습문제 2

01 다음 집합이 부분공간이 되는지 설명하라.

(1) $\{\begin{pmatrix} x \\ y \end{pmatrix} \mid y = 3x\} \subset R^2$

(2) $\{\begin{pmatrix} x \\ y \end{pmatrix} \mid x - 2y = 1\} \subset R^2$

(3) $\{\begin{pmatrix} x \\ y \\ z \end{pmatrix} \mid z = 3y = 2x\} \subset R^3$

(4) $\{\begin{pmatrix} x \\ y \\ z \end{pmatrix} \mid z = xy\} \subset R^3$

02 정의에 따라 span$\{u,\ v\}$나 span$\{u,\ v,\ w\}$를 구하라.

(1) $u = \begin{pmatrix} 2 \\ 1 \end{pmatrix},\ v = \begin{pmatrix} 1 \\ 1 \end{pmatrix}$

(2) $u = \begin{pmatrix} 2 \\ 3 \end{pmatrix},\ v = \begin{pmatrix} 6 \\ 9 \end{pmatrix}$

(3) $u = \begin{pmatrix} 1 \\ 1 \\ 1 \end{pmatrix},\ v = \begin{pmatrix} 1 \\ 0 \\ -1 \end{pmatrix},\ w = \begin{pmatrix} 5 \\ 3 \\ 1 \end{pmatrix}$

(4) $u = \begin{pmatrix} 1 \\ 2 \\ 0 \end{pmatrix},\ v = \begin{pmatrix} 1 \\ 0 \\ 1 \end{pmatrix},\ w = \begin{pmatrix} 0 \\ 2 \\ 1 \end{pmatrix}$

03 다음 행렬의 영공간과 치역을 구하라.

(1) $\begin{pmatrix} 1 & -1 \\ -2 & 3 \end{pmatrix}$

(2) $\begin{pmatrix} 1 & -1 \\ -2 & 2 \end{pmatrix}$

(3) $\begin{pmatrix} 1 & 1 \\ 2 & 3 \\ 1 & 3 \end{pmatrix}$

(4) $\begin{pmatrix} 1 & 2 & 1 \\ 2 & 5 & 4 \\ 1 & 3 & 4 \end{pmatrix}$

04 다음 벡터가 생성하는 공간의 기저를 벡터 중에서 구하라.

(1) $u = \begin{pmatrix} 2 \\ 1 \end{pmatrix},\ v = \begin{pmatrix} 4 \\ 2 \end{pmatrix}$

(2) $u = \begin{pmatrix} 2 \\ 1 \end{pmatrix},\ v = \begin{pmatrix} 1 \\ 2 \end{pmatrix},\ w = \begin{pmatrix} 3 \\ 2 \end{pmatrix}$

(3) $u_1 = \begin{pmatrix} 1 \\ 2 \\ 1 \end{pmatrix},\ u_2 = \begin{pmatrix} 2 \\ 5 \\ 0 \end{pmatrix},\ u_3 = \begin{pmatrix} 3 \\ 7 \\ 1 \end{pmatrix},\ u_4 = \begin{pmatrix} 1 \\ 3 \\ -1 \end{pmatrix}$

(4) $u_1 = \begin{pmatrix} 1 \\ 2 \\ 1 \end{pmatrix},\ u_2 = \begin{pmatrix} 2 \\ 1 \\ 2 \end{pmatrix},\ u_3 = \begin{pmatrix} 1 \\ 1 \\ 1 \end{pmatrix},\ u_4 = \begin{pmatrix} 3 \\ 3 \\ 3 \end{pmatrix}$

05 다음 행렬의 영공간의 차원과 치역의 차수를 구하라.

(1) $\begin{pmatrix} 1 & 2 \\ -2 & -4 \end{pmatrix}$

(2) $\begin{pmatrix} -1 & 2 & 0 \\ 2 & -5 & 1 \end{pmatrix}$

(3) $\begin{pmatrix} 1 & -1 & 3 \\ 2 & -1 & 8 \\ -1 & 4 & 3 \end{pmatrix}$

(4) $\begin{pmatrix} 1 & 1 & 2 & 0 \\ 2 & 4 & 2 & 4 \\ 2 & 3 & -1 & 9 \end{pmatrix}$

06 다음 벡터 u, v, w가 직교벡터가 되도록 상수를 구하라.

(1) $u = \begin{pmatrix} 1 \\ 1 \\ 1 \end{pmatrix},\ v = \begin{pmatrix} 2 \\ 2 \\ -4 \end{pmatrix},\ w = \begin{pmatrix} a \\ b \\ c \end{pmatrix}$

(2) $u = \begin{pmatrix} 2 \\ 0 \\ 1 \end{pmatrix},\ v = \begin{pmatrix} 1 \\ 1 \\ -2 \end{pmatrix},\ w = \begin{pmatrix} a \\ b \\ c \end{pmatrix}$

(3) $u = \begin{pmatrix} 1 \\ 1 \\ 1 \end{pmatrix},\ v = \begin{pmatrix} -2 \\ -1 \\ a \end{pmatrix},\ w = \begin{pmatrix} 4 \\ b \\ c \end{pmatrix}$

(4) $u = \begin{pmatrix} 2 \\ 1 \\ -1 \end{pmatrix},\ v = \begin{pmatrix} a \\ 1 \\ -1 \end{pmatrix},\ w = \begin{pmatrix} b \\ 3 \\ c \end{pmatrix}$

07 $B=\{v_1,\ v_2,\ v_3\}$이고 $v_1=\begin{pmatrix}1\\1\\1\end{pmatrix},\ v_2=\begin{pmatrix}-1\\0\\1\end{pmatrix},\ v_3=\begin{pmatrix}-1\\2\\-1\end{pmatrix}$이다. B에 관한 다음 벡터의 좌표 $[u]_B$를 구하라.

(1) $u=\begin{pmatrix}1\\2\\1\end{pmatrix}$

(2) $u=\begin{pmatrix}2\\1\\2\end{pmatrix}$

(3) $u=\begin{pmatrix}0\\3\\0\end{pmatrix}$

(4) $u=\begin{pmatrix}0\\1\\2\end{pmatrix}$

08 그람-슈미트 직교화를 이용하여 일차독립인 직교벡터를 구하라.

(1) $u=\begin{pmatrix}2\\1\end{pmatrix},\ v=\begin{pmatrix}1\\2\end{pmatrix}$

(2) $u=\begin{pmatrix}1\\1\\0\end{pmatrix},\ v=\begin{pmatrix}0\\1\\1\end{pmatrix}$

(3) $u=\begin{pmatrix}1\\0\\0\end{pmatrix},\ v=\begin{pmatrix}1\\1\\0\end{pmatrix},\ w=\begin{pmatrix}1\\1\\1\end{pmatrix}$

(4) $u_1=\begin{pmatrix}1\\0\\1\\2\end{pmatrix},\ u_2=\begin{pmatrix}2\\1\\0\\2\end{pmatrix},\ u_3=\begin{pmatrix}1\\-1\\0\\1\end{pmatrix}$

09 다음 F는 선형변환인지 또는 아닌지 설명하라.

(1) $F\colon R^2 \to R^2,\ F(\begin{pmatrix}x_1\\x_2\end{pmatrix})=\begin{pmatrix}2x_1-x_2\\x_1+3x_2\end{pmatrix}$

(2) $F\colon R^2 \to R^2,\ F(\begin{pmatrix}x_1\\x_2\end{pmatrix})=\begin{pmatrix}x_1^2\\x_1x_2\end{pmatrix}$

(3) $F\colon R^2 \to R,\ F(\begin{pmatrix}x_1\\x_2\end{pmatrix})=2x_1+3x_2$

(4) $F\colon R^3 \to R^2,\ F(\begin{pmatrix}x_1\\x_2\\x_3\end{pmatrix})=\begin{pmatrix}x_1-x_2+x_3\\-x_1+3x_2-2x_3\end{pmatrix}$

10 다음 선형변환에 대응하는 행렬 A를 구하라.

(1) $T\left(\begin{pmatrix} x_1 \\ x_2 \end{pmatrix}\right) = \begin{pmatrix} x_1 + 3x_2 \\ 2x_1 + x_2 \end{pmatrix}$ (2) $T\left(\begin{pmatrix} x_1 \\ x_2 \end{pmatrix}\right) = \begin{pmatrix} x_1 + x_2 \\ x_3 \\ x_2 \end{pmatrix}$

(3) $T\left(\begin{pmatrix} x_1 \\ x_2 \\ x_3 \end{pmatrix}\right) = \begin{pmatrix} x_1 - x_2 \\ x_2 - x_3 \end{pmatrix}$ (4) $T\left(\begin{pmatrix} x_1 \\ x_2 \\ x_3 \end{pmatrix}\right) = 3x_1 - x_2 + 4x_3$

11 벡터 $v = \begin{pmatrix} 1 \\ 1 \end{pmatrix}$를 주어진 각도만큼 시계 반대 방향으로 돌린 벡터를 구하고 그림으로 확인하라.

(1) $\theta = \pi/4$ (2) $\theta = \pi/3$

(3) $\theta = \pi/2$ (4) $\theta = \pi$

12 벡터 $v = \begin{pmatrix} 2 \\ 1 \end{pmatrix}$를 원점을 지나고 기울기가 $\tan(\theta/2)$인 직선에 대칭으로 움직인 벡터를 구하고, 그림으로 확인하라.

(1) $\theta = \pi/2$ (2) $\theta = \pi/3$

(3) $\theta = -\pi/2$ (4) $\theta = \pi$

제3장

행렬식

제3장 행렬식

이 장에서는 정사각행렬의 행렬식에 관하여 알아본다. 행렬식이 0이 되느냐 아니냐에 따라 행렬은 정칙행렬일 수도 아닐 수도 있다. 따라서 행렬식을 구함으로써 연립방정식의 해가 존재하는지 아닌지 알 수 있고 또한 다음 장에서 배울 행렬의 고유치에 0이 있는지 없는지도 알 수 있다. 다음과 같은 행렬식에 관한 성질을 일아 본다.

- 행렬식
- 소행렬식
- 여인수
- 기본행 연산
- 크레이머의 법칙

3.1 소행렬식과 여인수

정사각행렬 $A \in R^{n \times n}$의 행렬식은 $\det(A)$ 또는 $|A|$로 나타낸다. $n=1$인 $A=(a)$의 경우 $\det(A)=a$로 정의한다. 이하 나오는 모든 행렬은 정사각행렬이다.

정의 3.1

행렬 $A=\begin{pmatrix} a_{11} & a_{12} \\ a_{21} & a_{22} \end{pmatrix}$의 행렬식(determinant)은 다음과 같이 정의한다.

$$\det(A)=\begin{vmatrix} a_{11} & a_{12} \\ a_{21} & a_{22} \end{vmatrix}=a_{11}a_{22}-a_{12}a_{21}$$

예제 3.1 (1) $A=\begin{pmatrix} 1 & 2 \\ 3 & 4 \end{pmatrix}$, $\det(A)=4-6=-2$

(2) $A^T=\begin{pmatrix} 1 & 3 \\ 2 & 4 \end{pmatrix}$, $\det(A^T)=4-6=-2$

(3) $B=\begin{pmatrix} 2 & 1 \\ 4 & 3 \end{pmatrix}$, $\det(B)=6-4=2$

(4) $C=\begin{pmatrix} 3 & 4 \\ 1 & 2 \end{pmatrix}$, $\det(C)=6-4=2$

문제 3.1 다음 행렬식을 구하라.

(1) $\begin{vmatrix} -2 & 5 \\ 3 & 4 \end{vmatrix}$ (2) $\begin{vmatrix} 3 & 4 \\ -2 & 5 \end{vmatrix}$

(3) $\begin{vmatrix} 4 & -10 \\ 3 & 4 \end{vmatrix}$ (4) $\begin{vmatrix} 3 & 4 \\ 1 & 9 \end{vmatrix}$

크기가 2인 행렬의 행렬식을 이용하여 그보다 큰 행렬의 행렬식을 다음과 같이 연쇄적으로 정의한다.

▮ 정의 3.2

$A \in R^{n \times n}$에서 A의 i행과 j열을 뺀 나머지 성분으로 이루어진 크기가 $n-1$인 행렬을 A_{ij}라고 하자. 이때 $\det(A_{ij})$를 A의 (i, j)-소행렬식(minor determinant)이라 하고, 여기에 부호를 붙인 $C_{ij} = (-1)^{i+j}\det(A_{ij})$를 A의 (i, j)-여인수(cofactor)라고 한다.

예제 3.2 $A = \begin{pmatrix} 1 & 2 & 3 \\ 4 & 5 & 6 \\ 7 & 8 & 9 \end{pmatrix}$의 일부 소행렬식과 여인수는 다음과 같다.

(1) $A_{11} = \begin{vmatrix} 5 & 6 \\ 8 & 9 \end{vmatrix} = -3,\ C_{11} = (-1)^{1+1}A_{11} = -3$

(2) $A_{12} = \begin{vmatrix} 4 & 6 \\ 7 & 9 \end{vmatrix} = -6,\ C_{12} = (-1)^{1+2}A_{12} = 6$

(3) $A_{13} = \begin{vmatrix} 4 & 5 \\ 7 & 8 \end{vmatrix} = -3,\ C_{13} = (-1)^{1+3}A_{13} = -3$

(4) $A_{31} = \begin{vmatrix} 2 & 3 \\ 5 & 6 \end{vmatrix} = -3,\ C_{31} = (-1)^{3+1}A_{31} = -3$

문제 3.2 예제 3.2의 나머지 소행렬식과 여인수를 구하라.

▮ 정의 3.3

크기가 n인 행렬 $A = (a_{ij})$의 행렬식은 첫 번째 행을 중심으로 다음과 같이 여인수의 곱으로 정의한다.

$$\det(A) = a_{11}C_{11} + a_{12}C_{12} + \cdots + a_{1n}C_{1n}$$

여인수 대신 소행렬식을 이용하면 행렬식은 아래와 같이 나타낼 수 있다.

$$\det(A) = a_{11}\det(A_{11}) - a_{12}\det(A_{12}) + \cdots + (-1)^{1+n}a_{1n}\det(A_{1n})$$

예제 3.2에 의하여 $A = \begin{pmatrix} 1 & 2 & 3 \\ 4 & 5 & 6 \\ 7 & 8 & 9 \end{pmatrix}$의 행렬식은

$$\det(A) = C_{11} + 2C_{12} + 3C_{13} = -3 + 12 - 9 = 0$$

예제 3.3 행렬 $\begin{pmatrix} 1 & 3 & 5 \\ -2 & 0 & 1 \\ 3 & 2 & -1 \end{pmatrix}$의 행렬식은 다음과 같다.

$$\begin{vmatrix} 1 & 3 & 5 \\ -2 & 0 & 1 \\ 3 & 2 & -1 \end{vmatrix} = \begin{vmatrix} 0 & 1 \\ 2 & -1 \end{vmatrix} - 3\begin{vmatrix} -2 & 1 \\ 3 & -1 \end{vmatrix} + 5\begin{vmatrix} -2 & 0 \\ 3 & 2 \end{vmatrix}$$
$$= -2 - 3(2-3) + 5(-4) = -19$$

문제 3.3 다음 행렬의 행렬식을 정의 3.3을 이용하여 구하라.

(1) $\begin{pmatrix} 3 & 2 & 1 \\ 2 & 1 & -3 \\ 4 & 0 & 1 \end{pmatrix}$ (2) $\begin{pmatrix} 4 & 2 & 0 \\ 3 & 2 & 1 \\ 2 & 8 & 2 \end{pmatrix}$

(3) $\begin{pmatrix} 3 & 2 & 1 \\ 2 & 1 & 0 \\ 1 & 4 & 1 \end{pmatrix}$ (4) $\begin{pmatrix} 1 & 4 & 1 \\ 5 & 3 & 1 \\ 2 & 1 & 0 \end{pmatrix}$

크기가 3인 $A = (a_{ij})$의 행렬식은 소행렬식을 이용하여 다음과 같이 나타낼 수 있다.

$$|A| = a_{11}\begin{vmatrix} a_{22} & a_{23} \\ a_{32} & a_{33} \end{vmatrix} - a_{12}\begin{vmatrix} a_{21} & a_{23} \\ a_{31} & a_{33} \end{vmatrix} + a_{13}\begin{vmatrix} a_{21} & a_{22} \\ a_{31} & a_{32} \end{vmatrix}$$

이 식을 전개하면

$$|A| = (a_{11}a_{22}a_{33} + a_{12}a_{23}a_{31} + a_{13}a_{21}a_{32}) - (a_{13}a_{22}a_{31} + a_{12}a_{21}a_{33} + a_{11}a_{23}a_{32})$$

이 되어, 정의 3.1과 같이 왼쪽 위에서 오른쪽 아래로 대각성분 세 개를 곱하여 모두 합한 값에서 오른쪽 위에서 왼쪽 아래로 대각성분 세 개를 곱한 것을 모두 빼는 형태로 계산할 수 있다.

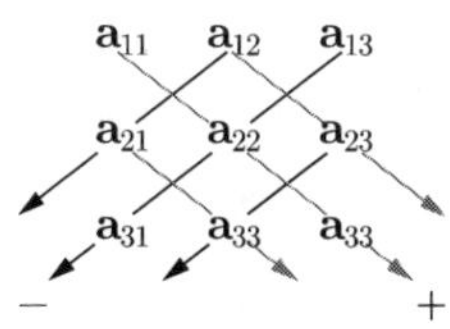

예제 3.4 $\begin{vmatrix} 1 & 2 & 3 \\ 2 & 3 & 4 \\ 3 & 4 & 5 \end{vmatrix}$을 두 가지 방법으로 구하면 다음과 같이 서로 같다.

(1) $$\begin{aligned} \begin{vmatrix} 1 & 2 & 3 \\ 2 & 3 & 4 \\ 3 & 4 & 5 \end{vmatrix} &= \begin{vmatrix} 3 & 4 \\ 4 & 5 \end{vmatrix} - 2\begin{vmatrix} 2 & 4 \\ 3 & 5 \end{vmatrix} + 3\begin{vmatrix} 2 & 3 \\ 3 & 4 \end{vmatrix} \\ &= (15-16) - 2(10-12) + 3(8-9) \\ &= 0 \end{aligned}$$

(2) $$\begin{aligned} \begin{vmatrix} 1 & 2 & 3 \\ 2 & 3 & 4 \\ 3 & 4 & 5 \end{vmatrix} &= 15 + 24 + 24 - (27 + 20 + 16) \\ &= 0 \end{aligned}$$

문제 3.4 다음 행렬의 행렬식을 두 가지 방법으로 구하여 같음을 보여라.

(1) $\begin{pmatrix} 1 & 2 & 1 \\ 0 & 1 & 3 \\ 2 & 1 & 1 \end{pmatrix}$ (2) $\begin{pmatrix} 1 & 4 & 0 \\ 1 & 0 & 2 \\ 3 & 1 & 2 \end{pmatrix}$

(3) $\begin{pmatrix} 2 & -1 & 3 \\ -1 & 2 & 2 \\ 3 & 2 & 1 \end{pmatrix}$ (4) $\begin{pmatrix} 1 & 1 & 1 \\ 1 & 1 & 2 \\ 2 & 1 & 1 \end{pmatrix}$

그러나 행렬의 크기가 4 이상인 경우는 위와 같이 대각성분을 곱하여 합하여 빼는 형태로 되지 않는다. 크기가 4 이상인 경우에는 반드시 여인수를 이용하여 행렬식을 구해야 한다.

예제 3.5 크기가 4인 행렬 $\begin{pmatrix} 1 & 0 & 2 & 3 \\ 2 & 3 & 0 & 3 \\ 0 & 3 & 4 & 5 \\ 3 & 4 & 5 & 1 \end{pmatrix}$의 행렬식을 두 가지 방법으로 구하면

(1) $$\begin{vmatrix} 1 & 0 & 2 & 3 \\ 2 & 3 & 0 & 3 \\ 0 & 3 & 4 & 5 \\ 3 & 4 & 5 & 1 \end{vmatrix} = \begin{vmatrix} 3 & 0 & 3 \\ 3 & 4 & 5 \\ 4 & 5 & 1 \end{vmatrix} + 2\begin{vmatrix} 2 & 3 & 3 \\ 0 & 3 & 5 \\ 3 & 4 & 1 \end{vmatrix} - 3\begin{vmatrix} 2 & 3 & 0 \\ 0 & 3 & 4 \\ 3 & 4 & 5 \end{vmatrix}$$

$$= -66 + 2(-16) - 3(34) = -200$$

(2) $$\begin{vmatrix} 1 & 0 & 2 & 3 \\ 2 & 3 & 0 & 3 \\ 0 & 3 & 4 & 5 \\ 3 & 4 & 5 & 1 \end{vmatrix} \neq (12 + 90 + 0 + 0) - (0 + 48 + 0 + 0) = 54$$

으로 서로 다르다. 행렬식은 54가 아니고 -200이다.

문제 3.5 다음 행렬식을 구하라.

(1) $\begin{vmatrix} 1 & 2 & 0 & 4 \\ 4 & 0 & 3 & 1 \\ 0 & 2 & 1 & 3 \\ 4 & 3 & 2 & 0 \end{vmatrix}$ (2) $\begin{vmatrix} 1 & 2 & 0 & 2 \\ -1 & 2 & 3 & 1 \\ -3 & 2 & -1 & 0 \\ 2 & -3 & -2 & 1 \end{vmatrix}$

(3) $\begin{vmatrix} 3 & 0 & 0 & 0 \\ 4 & 3 & 0 & 0 \\ 3 & 2 & 1 & 0 \\ 4 & 3 & 2 & 1 \end{vmatrix}$ (4) $\begin{vmatrix} 1 & 2 & 3 & 4 \\ 2 & 3 & 4 & 0 \\ 3 & 4 & 0 & 0 \\ 4 & 0 & 0 & 0 \end{vmatrix}$

행렬식을 굳이 첫 번째 행만 중심으로 할 필요는 없다.

《정리 3.1

크기가 n인 행렬 $A = (a_{ij})$의 행렬식은 임의의 행 또는 열을 중심으로 다음과 같이 해도 그 값은 같다.

$$\begin{aligned} \det(A) &= a_{i1}C_{i1} + a_{i2}C_{i2} + \cdots + a_{in}C_{in} \\ &= a_{1j}C_{1j} + a_{2j}C_{2j} + \cdots + a_{nj}C_{nj} \end{aligned}$$

정리 3.1에 의해 행렬식은 첫 행이 아닌 첫 열을 중심으로 구하여도 그 값은 같다.

$$\begin{aligned}\det(A) &= a_{11}C_{11} + a_{21}C_{21} + \cdots + a_{n1}C_{n1} \\ &= a_{11}\det(A_{11}) - a_{21}\det(A_{21}) + \cdots + (-1)^{n+1}a_{n1}\det(A_{n1})\end{aligned}$$

따라서 예제 3.3의 행렬식은 다음과 같이 열을 중심으로 구할 수 있다.

$$\begin{aligned}\begin{vmatrix} 1 & 3 & 5 \\ -2 & 0 & 1 \\ 3 & 2 & -1 \end{vmatrix} &= \begin{vmatrix} 0 & 1 \\ 2 & -1 \end{vmatrix} + 2\begin{vmatrix} 3 & 5 \\ 2 & -1 \end{vmatrix} + 3\begin{vmatrix} 3 & 5 \\ 0 & 1 \end{vmatrix} \\ &= -2 + 2(-3-10) + 3(3) = -19\end{aligned}$$

정리 3.1에 의해 행렬식은 가능한 0이 많이 포함되어 있는 행이나 열을 택하면 계산을 보다 적게 할 수 있다. 특히 삼각행렬의 행렬식은 대각성분의 곱과 같음을 쉽게 보일 수 있다.

≪정리 3.2

삼각행렬의 행렬식은 대각성분의 곱과 같다.

증명 수학적 귀납법으로 증명할 수 있다. 우선 아래삼각행렬이라고 하자. 크기가 2인 아래삼각행렬 $\begin{pmatrix} a_{11} & 0 \\ a_{21} & a_{22} \end{pmatrix}$의 행렬식은 $a_{11}a_{22}$이다. 크기가 $n-1$인 경우 성립한다고 하자. 그러면

$$\begin{vmatrix} a_{11} & 0 & 0 & \cdots & 0 \\ a_{21} & a_{22} & 0 & \cdots & 0 \\ \vdots & & & & \vdots \\ a_{n1} & a_{n2} & a_{n3} & \cdots & a_{nn} \end{vmatrix} = a_{11}\begin{vmatrix} a_{22} & 0 & 0 & \cdots & 0 \\ a_{32} & a_{33} & 0 & \cdots & 0 \\ \vdots & & & & \vdots \\ a_{n2} & a_{n3} & a_{n4} & \cdots & a_{nn} \end{vmatrix}$$

이다. 가정에 의하여 $\begin{vmatrix} a_{22} & 0 & 0 & \cdots & 0 \\ a_{32} & a_{33} & 0 & \cdots & 0 \\ \vdots & & & & \vdots \\ a_{n2} & a_{n3} & a_{n4} & \cdots & a_{nn} \end{vmatrix} = a_{22}\cdots a_{nn}$이

므로 모든 n에 대하여 크기가 n인 아래삼각행렬의 행렬식은 대각성분의 곱인 $a_{11}a_{22}\cdots a_{nn}$이 성립한다. 같은 방법으로 위 삼각행렬의 행렬식도 증명할 수 있다. ■

정리 3.2에 의해 대각행렬의 행렬식은 대각성분의 곱이며, 따라서 항등행렬 I의 행렬식 $\det(I)=1$이다.

예제 3.6 (1) $\begin{vmatrix} 1 & 0 & 0 & 0 \\ 2 & 2 & 0 & 0 \\ 3 & 2 & 3 & 0 \\ 4 & 3 & 2 & 4 \end{vmatrix} = 24$ (2) $\begin{vmatrix} 1 & 2 & 3 & 4 \\ 0 & 2 & 1 & 2 \\ 0 & 0 & 3 & 1 \\ 0 & 0 & 0 & 4 \end{vmatrix} = 24$

문제 3.6 다음 행렬식을 구하라.

(1) $\begin{vmatrix} 4 & 0 & 0 & 0 \\ 3 & 5 & 0 & 0 \\ 1 & 2 & 3 & 0 \\ 4 & 1 & 2 & 4 \end{vmatrix}$ (2) $\begin{vmatrix} 3 & 1 & 3 & 0 \\ 0 & 2 & 1 & 3 \\ 0 & 0 & 5 & 1 \\ 0 & 0 & 0 & 4 \end{vmatrix}$

(3) $\begin{vmatrix} 1 & 2 & 3 \\ 2 & 3 & 0 \\ 3 & 0 & 0 \end{vmatrix}$ (4) $\begin{vmatrix} 1 & 2 & 3 & 4 \\ 2 & 3 & 4 & 0 \\ 3 & 4 & 0 & 0 \\ 4 & 0 & 0 & 0 \end{vmatrix}$

3.2 행렬식의 성질

행렬의 기본행 연산을 이용하여 연립방정식의 해를 쉽게 구하듯이 행렬식에 기본행 연산을 적용하면 행렬식의 계산을 보다 쉽게 할 수 있다. 그러나 행렬에서는 두 행을 바꾼 $\begin{pmatrix} 1 & 2 \\ 3 & 4 \end{pmatrix}$와 $\begin{pmatrix} 3 & 4 \\ 1 & 2 \end{pmatrix}$이 동치이나 행렬식에서는 $\begin{vmatrix} 1 & 2 \\ 3 & 4 \end{vmatrix}=-2$이고 $\begin{vmatrix} 3 & 4 \\ 1 & 2 \end{vmatrix}=2$로 두 값이 다르다. 이와 같은 행렬식의 성질을 이용하면 행렬식의

값을 쉽게 구할 수 있다.

≪정리 3.3

행렬 A의 두 행(또는 열)을 바꾼 행렬을 B라 하면 $\det(B) = -\det(A)$이다.

이 정리에 의하여 두 행(또는 열)이 같으면 $\det(A) = -\det(A)$이므로 두 행(또는 열)이 같은 행렬의 행렬식은 0이 된다.

예제 3.7 (1) $\begin{vmatrix} -2 & 5 \\ 3 & 4 \end{vmatrix} = -8 - 15 = -23$

(2) $\begin{vmatrix} 3 & 4 \\ -2 & 5 \end{vmatrix} = 15 - (-8) = 23$

(3) $\begin{vmatrix} 5 & -2 \\ 4 & 3 \end{vmatrix} = 15 - (-8) = 23$

(4) $\begin{vmatrix} 4 & 5 \\ 4 & 5 \end{vmatrix} = 20 - 20 = 0$

문제 3.7 다음 행렬식을 구하라.

(1) $\begin{vmatrix} 1 & 3 & 1 \\ 2 & 0 & 4 \\ 1 & 2 & 3 \end{vmatrix}$ (2) $\begin{vmatrix} 2 & 0 & 4 \\ 1 & 3 & 1 \\ 1 & 2 & 3 \end{vmatrix}$

(3) $\begin{vmatrix} 4 & 0 & 2 \\ 1 & 3 & 1 \\ 3 & 2 & 1 \end{vmatrix}$ (4) $\begin{vmatrix} 2 & 4 & 2 \\ 1 & 1 & 1 \\ 1 & 3 & 1 \end{vmatrix}$

행렬 $\begin{pmatrix} 1 & 2 \\ 3 & 4 \end{pmatrix}$의 한 행에 상수 2를 곱한 행렬의 행렬식은 $\begin{vmatrix} 2 & 4 \\ 3 & 4 \end{vmatrix} = -4 = 2\begin{vmatrix} 1 & 2 \\ 3 & 4 \end{vmatrix}$ 처럼 곱한 상수만큼 바뀌고, 행렬 자체에 상수 2를 곱하면 $\begin{vmatrix} 2 & 4 \\ 6 & 8 \end{vmatrix} = -8 = 2^2\begin{vmatrix} 1 & 2 \\ 3 & 4 \end{vmatrix}$으로 바뀐다. 즉 행렬에 상수를 곱한 행렬의 행렬식은 행렬의 크기만큼 상수를 거듭제곱한 것과 같다.

《정리 3.4

크기가 n인 행렬 A의 한 행(또는 열)에 상수 c를 곱한 행렬을 B라 하면 다음과 같다.

(1) $\det(B) = c\det(A)$ (2) $\det(cA) = c^n \det(A)$

예제 3.8 다음을 구하라.

(1) $\begin{vmatrix} 1 & 2 \\ 3 & 4 \end{vmatrix} = -2$ (2) $\begin{vmatrix} -5 & -10 \\ 3 & 4 \end{vmatrix} = 10 = -5(-2)$

(3) $\begin{vmatrix} 5 & 10 \\ 15 & 20 \end{vmatrix} = -50 = 5^2(-2)$ (4) $\begin{pmatrix} 5 & 2 \\ 15 & 4 \end{pmatrix} = -10 = 5(-2)$

문제 3.8 다음 행렬식을 구하라.

(1) $\begin{vmatrix} 2 & 6 & 2 \\ 2 & 0 & 4 \\ 1 & 2 & 3 \end{vmatrix}$ (2) $\begin{vmatrix} 2 & 0 & 4 \\ 1 & 9 & 1 \\ 1 & 6 & 3 \end{vmatrix}$

(3) $\begin{vmatrix} 4 & 0 & 2 \\ -1 & -3 & -1 \\ 3 & 2 & 1 \end{vmatrix}$ (4) $\begin{vmatrix} 0 & 8 & 4 \\ 6 & 2 & 2 \\ 4 & 6 & 2 \end{vmatrix}$

$B = \begin{pmatrix} 3 & 4 \\ 1 & 2 \end{pmatrix}$, $C = \begin{pmatrix} 3 & 4 \\ -1 & -1 \end{pmatrix}$이고 $A = \begin{pmatrix} 3 & 4 \\ 0 & 1 \end{pmatrix}$라고 하자. 그러면 $\det(B) = 2$, $\det(C) = 1$ 그리고 $\det(A) = 3$이다. 즉 행렬 A의 한 행이 다른 두 행렬 B와 C의 같은 위치의 행을 각각 더한 것과 같고 나머지 행은 모두 같다면 A의 행렬식은 다른 두 행렬 B와 C의 행렬식의 합과 같다.

《정리 3.5

크기가 n인 행렬 A, B, C가 있다. A의 한 행(열)이 B와 C의 같은 위치의 행(또는 열)을 더한 것과 같고 나머지 행(또는 열)은 모두 같다면 $\det(A) = \det(B) + \det(C)$이다.

증명 $n=2$인 경우만 보이자.

$B=\begin{pmatrix} b_1 & b_2 \\ a_1 & a_2 \end{pmatrix}$, $C=\begin{pmatrix} c_1 & c_2 \\ a_1 & a_2 \end{pmatrix}$이고 $A=\begin{pmatrix} b_1+c_1 & b_2+c_2 \\ a_1 & a_2 \end{pmatrix}$라고 하자. 그러면

$$\begin{aligned} \det(A) &= (b_1+c_1)a_2-(b_2+c_2)a_1 \\ &= (b_1a_2-b_2a_1)+(c_1a_2-c_2a_1) \\ &= \det(B)+\det(C) \end{aligned}$$

로 성립한다. ■

열의 경우를 예로 들어보자. $A=\begin{pmatrix} 1 & 3 & 2 \\ 0 & 4 & 7 \\ 2 & 1 & 8 \end{pmatrix}$와 $B=\begin{pmatrix} 1 & 1 & 2 \\ 0 & 2 & 7 \\ 2 & 0 & 8 \end{pmatrix}$ 그리고 $C=\begin{pmatrix} 1 & 2 & 2 \\ 0 & 2 & 7 \\ 2 & 1 & 8 \end{pmatrix}$는 두 번째 열을 제외한 모든 성분이 같고, A의 두 번째 열은 B의 두 번째 열과 C의 두 번째 열을 합한 것이다. $\det(A)=51$, $\det(B)=22$ 그리고 $\det(C)=29$로 정리 3.5가 성립한다.

행렬 B의 두 행(또는 열)이 모두 같다고 하자. 그러면 두 행(또는 열)을 바꾼 행렬식은 정리 3.3에 의해 서로 부호가 다르다. 따라서 $\det(B)=-\det(B)$이고 $\det(B)=0$이다. 또한 한 행이 다른 행의 상수 배이면 $\begin{vmatrix} 1 & 2 \\ 3 & 6 \end{vmatrix}=0$인 것처럼 행렬의 한 행(또는 열)이 다른 행의 상수 배이면 행렬식은 0이다.

≪정리 3.6

행렬 A의 한 행(또는 열)이 다른 행(열)의 상수 배이면 $\det(A)=0$이다.

증명 A의 i번째 행을 A_i라고 하자.

그러면 $A=[A_1^T,\ A_2^T,\ \cdots,\ A_i^T,\ \cdots,\ A_j^T,\ \cdots,\ A_n^T]^T$로 나타낼

수 있다. $A_j = cA_i$라 하고 $B = [A_1^T, A_2^T, \cdots, A_i^T, \cdots, cA_i^T, \cdots, A_n^T]^T$라 하자. 그러면 정리 3.4에 의해 $\det(A) = c\det(B)$이다. 한편 B와 B의 i번째와 j번째 행을 바꾼 행렬은 서로 같으므로 $\det(B) = 0$이고 따라서 $\det(A) = 0$이다. ■

예제 3.9 (1) $\begin{vmatrix} 1 & 2 \\ 2 & 4 \end{vmatrix} = 0$ (2) $\begin{vmatrix} 1 & 3 \\ 3 & 9 \end{vmatrix} = 0$

(3) $$\begin{vmatrix} 1 & 2 & 3 \\ 4 & 5 & 6 \\ 1 & 2 & 3 \end{vmatrix} = \begin{vmatrix} 5 & 6 \\ 2 & 3 \end{vmatrix} - 2\begin{vmatrix} 4 & 6 \\ 1 & 3 \end{vmatrix} + 3\begin{vmatrix} 4 & 5 \\ 1 & 2 \end{vmatrix}$$
$$= 3 - 2(6) + 3(3) = 0$$

(4) $$\begin{vmatrix} 1 & 2 & 3 \\ 4 & 5 & 6 \\ 2 & 4 & 6 \end{vmatrix} = \begin{vmatrix} 5 & 6 \\ 4 & 6 \end{vmatrix} - 2\begin{vmatrix} 4 & 6 \\ 2 & 6 \end{vmatrix} + 3\begin{vmatrix} 4 & 5 \\ 2 & 4 \end{vmatrix}$$
$$= 6 - 2(12) + 3(6) = 0$$

문제 3.9 다음 행렬의 관계를 파악하고 행렬식을 구하여 정리 3.6을 확인하라.

(1) $\begin{pmatrix} 1 & 3 & 2 \\ 0 & 4 & 7 \\ 2 & 6 & 4 \end{pmatrix}$ (2) $\begin{pmatrix} 1 & 3 & 6 \\ 0 & 4 & 8 \\ 1 & 3 & 6 \end{pmatrix}$

(3) $\begin{pmatrix} 1 & 2 & 0 & 4 \\ 4 & 0 & 3 & 1 \\ 0 & 2 & 1 & 3 \\ 2 & 4 & 0 & 8 \end{pmatrix}$ (4) $\begin{pmatrix} 1 & 0 & 2 & 2 \\ 2 & 3 & 0 & 4 \\ 0 & 3 & 4 & 0 \\ 1 & 4 & 5 & 2 \end{pmatrix}$

행렬 $\begin{pmatrix} 1 & 2 \\ 3 & 4 \end{pmatrix}$의 첫 행에 -1을 곱한 것을 둘째 행에 더한 행렬 $\begin{pmatrix} 1 & 2 \\ 2 & 2 \end{pmatrix}$의 행렬식은 -2로 변함이 없다. 이처럼 행렬의 한 행의 상수 배를 다른 행에 더한 행렬의 행렬식은 같다.

《정리 3.7

행렬 A의 한 행(또는 열)의 상수 배를 다른 행(또는 열)에 더한 행렬의 행렬식은 같다.

증명 A의 i번째 행을 A_i라고 하면

$A=[A_1^T,\ A_2^T,\ \cdots,\ A_i^T,\ \cdots,\ A_j^T,\ \cdots,\ A_n^T]^T$이다.

A_i에 c를 곱한 후 A의 j번째 행에 더한 행렬을 B라 하면

$B=[A_1^T,\ A_2^T,\ \cdots,\ A_i^T,\ \cdots,\ A_j^T+cA_i^T,\ \cdots,\ A_n^T]^T$이다.

$C=[A_1,\ A_2,\ \cdots,\ A_i,\ \cdots,\ cA_i,\ \cdots,\ A_n]$라 하면 정리 3.5에 의해 $\det(B)=\det(A)+\det(C)$이다. 정리 3.6에 의하여 $\det(C)=0$이므로 정리가 성립하다. ■

예제 3.10 행렬 $\begin{pmatrix}1&4&6\\4&2&5\\6&5&3\end{pmatrix}$의 행렬식은 $\begin{vmatrix}1&4&6\\4&2&5\\6&5&3\end{vmatrix}=101$으로 다음 행렬식과도 같다.

(1) 첫 행에 -4를 곱하여 두 번째 행에 더한 행렬의 행렬식은

$$\begin{vmatrix}1&4&6\\0&-14&-19\\6&5&3\end{vmatrix}=\begin{vmatrix}-14&-19\\5&3\end{vmatrix}+6\begin{vmatrix}4&6\\-14&-19\end{vmatrix}=53+6(8)=101$$

이다.

(2) (1)의 행렬 첫 행에 -6을 곱하여 세 번째 행에 더한 행렬의 행렬식은

$$\begin{vmatrix}1&4&6\\0&-14&-19\\0&-19&-33\end{vmatrix}=\begin{vmatrix}-14&-19\\-19&-33\end{vmatrix}=462-361=101$$

이다.

문제 3.10 행렬 $A=\begin{pmatrix} 1 & 2 & 0 & 4 \\ -1 & 2 & 3 & 1 \\ -3 & 2 & -1 & 0 \\ 2 & -3 & -2 & 1 \end{pmatrix}$에 대하여 다음을 구하라.

(1) A의 행렬식을 구하라.

(2) A의 첫 열에 -2를 곱하여 두 번째 열에 더한 행렬 B의 행렬식을 구하라.

(3) B의 첫 열에 -2를 곱하여 네 번째 열에 더한 행렬 C의 행렬식을 구하라.

(4) C의 세 번째 열에 -1을 곱하여 네 번째 열에 더한 행렬 D의 행렬식을 구하라.

가우스 소거법처럼 행렬에 기본행 연산을 적용하여 삼각행렬로 바꾸면 삼각행렬의 행렬식은 대각성분의 곱이므로 쉽게 행렬식을 구할 수 있다.

예제 3.11 $A=\begin{pmatrix} 1 & 2 & 3 \\ 4 & 5 & 6 \\ 3 & 0 & 1 \end{pmatrix}$의 행렬식을 기본행 연산을 이용하여 다음과 같이 구할 수 있다.

(1) A의 첫 행에 -4를 곱하여 두 번째 행에 더하여 주고 두 번째 행의 공약수 -3을 행렬식 밖으로 꺼내면

$$\begin{vmatrix} 1 & 2 & 3 \\ 4 & 5 & 6 \\ 3 & 0 & 1 \end{vmatrix} = \begin{vmatrix} 1 & 2 & 3 \\ 0 & -3 & -6 \\ 3 & 0 & 1 \end{vmatrix} = -3\begin{vmatrix} 1 & 2 & 3 \\ 0 & 1 & 2 \\ 3 & 0 & 1 \end{vmatrix}$$

(2) (1)의 결과의 첫 행에 -3을 곱하여 세 번째 행에 더하여 주면

$$-3\begin{vmatrix} 1 & 2 & 3 \\ 0 & 1 & 2 \\ 3 & 0 & 1 \end{vmatrix} = -3\begin{vmatrix} 1 & 2 & 3 \\ 0 & 1 & 2 \\ 0 & -6 & -8 \end{vmatrix}$$

(3) (2)의 결과의 두 번째 행에 6을 곱하여 세 번째 행에 더하

여 주면

$$-3\begin{vmatrix}1 & 2 & 3\\0 & 1 & 2\\0 & -6 & -8\end{vmatrix} = -3\begin{vmatrix}1 & 2 & 3\\0 & 1 & 2\\0 & 0 & 4\end{vmatrix} = -12$$

따라서 $\det(A) = -12$이다.

문제 3.11 다음 행렬식을 기본행 연산을 이용하여 구하라.

(1) $\begin{vmatrix}1 & 2 & 2\\0 & 2 & 7\\2 & 1 & 3\end{vmatrix}$ (2) $\begin{vmatrix}1 & 2 & 3\\3 & -2 & 1\\3 & 2 & 1\end{vmatrix}$

(3) $\begin{vmatrix}0 & 1 & 3 & 1\\1 & -2 & -2 & 2\\3 & 4 & 2 & -2\\4 & 3 & -1 & 1\end{vmatrix}$ (4) $\begin{vmatrix}1 & 2 & 0 & 2\\-1 & 2 & 3 & 1\\-3 & 2 & -1 & 0\\2 & -3 & -2 & 1\end{vmatrix}$

$A = \begin{pmatrix}1 & 2\\3 & 4\end{pmatrix}$이면 $A^T = \begin{pmatrix}1 & 3\\2 & 4\end{pmatrix}$이고 $\det(A^T) = \det(A) = -2$이다. 이처럼 모든 n에 대하여 행렬과 그 전치행렬의 행렬식은 서로 같다.

《정리 3.8

A가 크기가 n인 정사각행렬이면 $\det(A^T) = \det(A)$이다.

증명 $n = 1$이면 당연하다. $n = k-1$이면 성립한다고 하자. $n = k$이면

$$\det(A) = a_{11}\det(A_{11}) - a_{12}\det(A_{12}) + \cdots + (-1)^{1+n}a_{1n}\det(A_{1n})$$

이다. A_{1j}는 모두 크기가 $k-1$인 행렬이므로 $\det(A_{1j}) = \det(A_{1j}^T)$이다. 즉

$$\det(A) = a_{11}\det(A_{11}^T) - a_{12}\det(A_{12}^T) + \cdots + (-1)^{1+n}a_{1n}\det(A_{1n}^T)$$

이다. 그러므로 $\det(A^T) = \det(A)$이다. ■

정리 3.3, 3.4, 3.7, 3.8에 의하여 기본행 연산에 대한 행렬식은 행과 열 모두에 대하여 다음과 같이 성립한다.

> (1) 행렬의 두 행(또는 열)을 바꾸면 행렬식의 부호가 바뀐다.
> (2) 행렬의 한 행(또는 열)에 상수 c를 곱하면 행렬식도 원래 행렬식에 c를 곱한 것과 같다.
> (3) 한 행(또는 열)에 상수 c를 곱하여 다른 행(또는 열)에 더해도 행렬식은 변함이 없다.

크기가 3인 행렬로 예를 들면 다음과 같다.

$$\det\left(\begin{pmatrix} a & b & c \\ d & e & f \\ g & h & i \end{pmatrix}\right) = -\det\left(\begin{pmatrix} d & e & f \\ a & b & c \\ g & h & i \end{pmatrix}\right)$$

$$\det\left(\begin{pmatrix} a & b & c \\ \alpha d & \alpha e & \alpha f \\ g & h & i \end{pmatrix}\right) = \alpha\det\left(\begin{pmatrix} a & b & c \\ d & e & f \\ g & h & i \end{pmatrix}\right)$$

$$\det\left(\begin{pmatrix} a & b & c \\ d & e & f \\ g & h & i \end{pmatrix}\right) = \det\left(\begin{pmatrix} a & b & c \\ d & e & f \\ g+\alpha a & h+\alpha b & i+\alpha c \end{pmatrix}\right)$$

3.3 크레이머의 법칙

행렬 A가 정칙이면 연립방정식 $Ax = b$의 해는 $x = A^{-1}b$로 행렬식을 이용하여 이 해를 구할 수 있다.

≪정리 3.9

$A=[A_1, A_2, \cdots, A_n] \in R^{n\times n}$이고 $b \in R^n$라 하자. 임의의 $i\,(1 \le i \le n)$에 대하여 A_i를 b로 대신한 행렬을 B_i라고 하자. 즉

$$B_i=[A_1, \cdots, A_{i-1}, b, A_{i+1}, \cdots A_n]$$

만일 $Ax=b$가 해 $x=(x_i)$를 가지면, 모든 i에 대하여 $x_i\det(A)=\det(B_i)$이다.

증명 $x=(x_i)$가 $Ax=b$의 해이므로 $x_1A_1+x_2A_2+\cdots+x_nA_n=b$이다. 한편

$$\begin{aligned} x_1\det(A) &= \det[x_1A_1, A_2, \cdots, A_n] \\ &= \det[b-(x_2A_2+\cdots+x_nA_n), A_2, \cdots, A_n] \\ &= \det[b, A_2, \cdots, A_n]-x_2\det[A_2, A_2, \cdots, A_n]-\cdots \\ &\quad -x_n\det[A_n, A_2, \cdots, A_n] \\ &= \det[b, A_2, \cdots, A_n]=\det(B_1) \end{aligned}$$

이다. 왜냐하면 모든 $i \ge 2$에 대하여 두 열이 같아 $\det[A_i, A_2, \cdots, A_n]=0$이기 때문이다. 같은 방법으로 모든 i에 대하여 $x_i\det(A)=\det(B_i)$임을 보일 수 있다. ■

A가 정칙행렬이 아니면 $Ax=\theta$는 적당한 i에 대하여 $x_i \ne \theta$인 해 x를 갖는다. $b=\theta$이므로 $\det(B_i)=0$이고 정리 3.9에 의하여 $\det(A)=0$이다. 그러므로 다음 정리가 성립한다.

≪정리 3.10

A가 정칙행렬이 아니면 $\det(A)=0$이고 역도 성립한다.

$C = AB$라 하자. C와 B에 같은 기본행 연산을 하고 난 후 결과를 $\overline{C}$와 $\overline{B}$라고 하자. 그러면 $\overline{C} = A\overline{B}$와 같이 된다. 예를 들어 $B = [B_1, B_2, B_3]$라 하고 B의 두 열을 바꾼 행렬을 $\overline{B} = [B_3, B_2, B_1]$라 하자. 그러면 $A\overline{B} = [AB_3, AB_2, AB_1]$가 된다. $C = AB = [AB_1, AB_2, AB_3]$의 두 열을 바꾼 행렬은 $\overline{C} = \overline{AB} = [AB_3, AB_2, AB_1] = A\overline{B}$이다.

《 정리 3.11

$A, B \in R^{n \times n}$이면 $\det(AB) = \det(A)\det(B)$이다.

증명 행렬 B가 정칙이 아니라고 하자. 그러면 AB는 정칙이 아니다. 따라서

$$\det(AB) = \det(A)\det(B) = 0$$

이다. 행렬 B가 정칙이라고 하자. 그러면 기본행 연산을 되풀이 적용하면 적당한 정수 k가 있어 $\det(B) = k\det(I) = k$가 된다. 같은 기본행 연산을 $C = AB$에 적용하면 $AI = A$가 된다. 그러므로 $\det(AB) = \det(A)k = \det(A)\det(B)$가 된다. ■

예제 3.12 $A = \begin{pmatrix} 2 & 1 \\ 1 & 3 \end{pmatrix}$, $B = \begin{pmatrix} -1 & 3 \\ 2 & -2 \end{pmatrix}$이면 $AB = \begin{pmatrix} 0 & 4 \\ 5 & -3 \end{pmatrix}$이다. 각 행렬식은 다음과 같다.

$$\det(A) = 5, \ \det(B) = -4, \ \det(AB) = -20$$

문제 3.12 $A = \begin{pmatrix} 2 & -1 \\ -4 & 3 \end{pmatrix}$, $B = \begin{pmatrix} 3 & -2 \\ -2 & 1 \end{pmatrix}$

(1) AB를 구하라.

(2) A, B 그리고 AB의 행렬식을 구하라.

《 정리 3.12

A가 정칙행렬이면 $\det(A) \neq 0$이고 $\det(A^{-1}) = 1/\det(A)$이다.

증명 A가 정칙행렬이라 하자. 그러면

$$1 = \det(I) = \det(AA^{-1}) = \det(A)\det(A^{-1})$$

이므로 $\det(A) \neq 0$이고 $\det(A^{-1}) = 1/\det(A)$이다. ■

예제 3.13 $A = \begin{pmatrix} 2 & 4 \\ 3 & 1 \end{pmatrix}$의 역행렬은 $A^{-1} = \begin{pmatrix} -\frac{1}{10} & \frac{2}{5} \\ \frac{3}{10} & -\frac{1}{5} \end{pmatrix}$이고

$\det(A) = -10,\ \det(A^{-1}) = -\frac{1}{10}$이다.

문제 3.13 $A(\lambda) = \begin{pmatrix} 2-\lambda & 0 & 0 \\ 2 & 3-\lambda & 4 \\ 1 & 2 & 1-\lambda \end{pmatrix}$이 정칙이 되지 않을 λ를 구하라.

정리 3.10과 3.12에 의하여 다음 정리가 성립한다.

《 정리 3.13

정사각행렬 A가 정칙이기 위한 필요충분조건은 $\det(A) \neq 0$이다.

A가 정칙행렬이면 정리 3.9에 의하여 $Ax = b$의 해는 다음과 같다.

《 정리 3.14 크레이머(Cramer)의 법칙

$A = [A_1,\ A_2,\ \cdots,\ A_n] \in R^{n \times n}$는 정칙행렬이고 $b \in R^n$라 하자. 임의의 i,

$1 \le i \le n$에 대하여 $B_i = [A_1, \cdots, A_{i-1}, b, A_{i+1}, \cdots, A_n]$라고 하자. 그러면 $Ax = b$의 해 x의 각 성분은 다음과 같다.

$$x_i = \frac{\det(B_i)}{\det(A)}$$

예제 3.14 $\begin{pmatrix} 2 & 4 \\ 3 & 1 \end{pmatrix}\begin{pmatrix} x \\ y \end{pmatrix} = \begin{pmatrix} 2 \\ -2 \end{pmatrix}$에서 $\begin{vmatrix} 2 & 4 \\ 3 & 1 \end{vmatrix} = -10$, $\begin{vmatrix} 2 & 4 \\ -2 & 1 \end{vmatrix} = 10$, $\begin{vmatrix} 2 & 2 \\ 3 & -2 \end{vmatrix} = -10$이므로 $x = -1$, $y = 1$이다.

문제 3.14 크레이머의 법칙으로 다음 해를 구하라.

(1) $\begin{pmatrix} 1 & 2 \\ 3 & 4 \end{pmatrix}\begin{pmatrix} x \\ y \end{pmatrix} = \begin{pmatrix} 1 \\ 1 \end{pmatrix}$ (2) $\begin{pmatrix} -3 & 1 \\ 1 & 2 \end{pmatrix}\begin{pmatrix} x \\ y \end{pmatrix} = \begin{pmatrix} -2 \\ 3 \end{pmatrix}$

(3) $\begin{pmatrix} 1 & -1 & 1 \\ 1 & 1 & -2 \\ 1 & 2 & 1 \end{pmatrix}\begin{pmatrix} x \\ y \\ z \end{pmatrix} = \begin{pmatrix} 0 \\ 1 \\ 6 \end{pmatrix}$ (4) $\begin{pmatrix} 1 & 2 & 1 \\ 2 & 4 & 3 \\ 2 & 1 & 3 \end{pmatrix}\begin{pmatrix} x \\ y \\ z \end{pmatrix} = \begin{pmatrix} 1 \\ 1 \\ -2 \end{pmatrix}$

크레이머의 법칙을 이용하면 크기가 2인 행렬 $A = \begin{pmatrix} a & b \\ c & d \end{pmatrix}$의 역행렬은 다음과 같다.

$$A^{-1} = \frac{1}{ad - bc}\begin{pmatrix} d & -b \\ -c & a \end{pmatrix}$$

《 정리 3.15

다음은 모두 동치이다.

(1) A는 정칙행렬이다.

(2) $Ax = b$의 해는 $x = A^{-1}b$로 유일하다.

(3) $Ax = 0$의 해는 $x = 0$뿐이다.

(4) 행렬 A의 열(또는 행)벡터는 일차독립이다.

(5) $\det(A) \ne 0$이다.

연습문제 3

01 소행렬식을 이용하여 다음 행렬의 행렬식을 구하라.

(1) $\begin{pmatrix} 1 & 3 \\ 2 & 1 \end{pmatrix}$

(2) $\begin{pmatrix} 7 & 6 \\ 6 & 5 \end{pmatrix}$

(3) $\begin{pmatrix} 2 & -3 \\ 3 & 4 \end{pmatrix}$

(4) $\begin{pmatrix} 5 & 0 \\ 3 & 1 \end{pmatrix}$

(5) $\begin{pmatrix} 1 & 2 & 1 \\ 1 & 0 & 3 \\ 2 & 1 & 1 \end{pmatrix}$

(6) $\begin{pmatrix} 2 & -1 & 2 \\ -1 & 2 & 1 \\ 2 & 1 & 2 \end{pmatrix}$

(7) $\begin{pmatrix} -2 & 2 & 1 \\ 1 & 1 & 0 \\ 0 & 1 & -2 \end{pmatrix}$

(8) $\begin{pmatrix} 1 & 1 & 1 \\ 1 & 1 & 3 \\ 2 & 1 & 1 \end{pmatrix}$

02 기본행 연산을 이용하여 다음 행렬의 행렬식을 구하라.

(1) $\begin{pmatrix} 1 & 2 & 1 \\ 1 & 0 & 3 \\ 2 & 1 & 1 \end{pmatrix}$

(2) $\begin{pmatrix} 2 & -1 & 2 \\ -1 & 2 & 1 \\ 2 & 1 & 2 \end{pmatrix}$

(3) $\begin{pmatrix} -2 & 2 & 1 \\ 1 & 1 & 0 \\ 0 & 1 & -2 \end{pmatrix}$

(4) $\begin{pmatrix} 1 & 1 & 1 \\ 1 & 1 & 3 \\ 2 & 1 & 1 \end{pmatrix}$

(5) $\begin{pmatrix} 2 & 1 & -1 & 2 \\ 2 & 0 & 0 & 1 \\ 2 & 1 & 2 & 0 \\ 3 & 1 & 1 & 2 \end{pmatrix}$

(6) $\begin{pmatrix} 2 & 0 & 2 & 0 \\ 1 & 3 & 1 & 2 \\ 0 & 1 & 2 & 0 \\ 3 & 0 & 1 & 2 \end{pmatrix}$

(7) $\begin{pmatrix} -1 & 1 & -1 & 3 \\ 2 & 1 & 0 & 1 \\ 2 & -1 & 2 & 0 \\ 3 & 1 & -1 & 2 \end{pmatrix}$

(8) $\begin{pmatrix} 0 & 1 & -2 & 2 \\ 2 & 1 & 0 & 1 \\ 1 & -2 & 1 & 0 \\ 3 & 0 & 1 & -2 \end{pmatrix}$

03 다음 행렬에 기본행 연산을 적용하여 위삼각행렬로 변환 후 행렬식을 구하라.

(1) $\begin{pmatrix} 1 & 0 & 0 & 0 \\ 2 & 0 & 0 & 3 \\ 1 & 1 & 0 & 1 \\ 1 & 4 & 2 & 2 \end{pmatrix}$ (2) $\begin{pmatrix} 0 & 0 & 2 & 0 \\ 0 & 0 & 1 & 3 \\ 0 & 1 & 0 & 1 \\ 1 & 4 & 0 & 2 \end{pmatrix}$

(3) $\begin{pmatrix} 0 & -1 & 2 & 0 \\ 2 & 0 & 1 & 3 \\ 0 & 1 & 1 & 1 \\ 1 & -2 & 0 & 1 \end{pmatrix}$ (4) $\begin{pmatrix} 1 & -1 & 0 & 2 \\ 2 & 0 & 1 & 0 \\ 1 & 1 & 0 & 1 \\ 1 & 0 & 0 & 0 \end{pmatrix}$

04 꼭지점 (x_1, y_1), (x_2, y_2)과 (x_3, y_3)를 지나는 삼각형의 면적은 $\frac{1}{2}\begin{vmatrix} x_1 & y_1 & 1 \\ x_2 & y_2 & 1 \\ x_3 & y_3 & 1 \end{vmatrix}$임을 보여라.

05 두 점 (x_1, y_1)과 (x_2, y_2)를 지나는 직선의 방정식은 $\begin{vmatrix} x & y & 1 \\ x_2 & y_1 & 1 \\ x_1 & y_2 & 1 \end{vmatrix} = 0$임을 보여라.

06 기본행 연산을 이용하여 다음을 보여라.

$$\begin{vmatrix} 1 & a & a^2 \\ 1 & b & b^2 \\ 1 & c & c^2 \end{vmatrix} = (b-a)(c-a)(c-b)$$

07 λ가 무슨 값이면 다음 행렬이 정칙이 되는가?

(1) $\begin{pmatrix} 1 & \lambda \\ \lambda & 1 \end{pmatrix}$ (2) $\begin{pmatrix} \lambda & 1 \\ 1 & \lambda \end{pmatrix}$

(3) $\begin{pmatrix} \lambda & 1 & 1 \\ 1 & \lambda & 1 \\ 1 & 1 & \lambda \end{pmatrix}$ (4) $\begin{pmatrix} 1 & \lambda & \lambda^2 \\ 1 & 1 & 1 \\ 1 & 3 & 9 \end{pmatrix}$

08 크레이머의 법칙으로 다음 연립방정식의 해를 구하라.

(1) $x+y=3$
$x-y=-1$

(2) $x+3y=4$
$x-y=0$

(3) $x-2y+z=-1$
$x+z=3$
$x-2y=0$

(4) $x+y+z=2$
$x+2y+z=2$
$x+3y-z=-4$

09 다음 행렬의 행렬식이 0이 되는 값 λ를 구하라.

(1) $\begin{pmatrix} 2-\lambda & 4 \\ 3 & 3-\lambda \end{pmatrix}$ (2) $\begin{pmatrix} 1-\lambda & 5 \\ 3 & 3-\lambda \end{pmatrix}$

(3) $\begin{pmatrix} 1-\lambda & 1 & 1 \\ 0 & 3-\lambda & 3 \\ -2 & 1 & 1-\lambda \end{pmatrix}$ (4) $\begin{pmatrix} 3-\lambda & -1 & -1 \\ -12 & -\lambda & 5 \\ 4 & -2 & -1-\lambda \end{pmatrix}$

제4장

고유치방정식

LINEAR ALGEBRA

LINEAR ALGEBRA

제4장 고유치방정식

연립방정식의 해법은 행렬 A와 벡터 b를 알 때 $Ax=b$를 만족하는 벡터 x를 구하는 것이나, 고유치방정식의 해법은 정사각행렬 A만 주어졌을 때 $Ax=\lambda x$를 만족하는 상수 λ와 벡터 x를 구하는 것이다. 이 상수 λ를 A의 고유치라 하고 0이 아닌 벡터 x를 고유치 λ에 대응하는 A의 고유벡터라고 한다. 영벡터 $x=0$은 항상 이 방정식을 만족하므로 관심의 대상이 되지 않는다. 연립방정식 $Ax=b$에서 A가 정칙이면 해가 단 하나 존재하고 정칙이 아니면 해가 존재하지 않는다. 그러나 고유치방정식 $Ax=\lambda x$에서는 정칙에 관계없이 고유치가 여러 개이고, 정칙이 아니면 0이라는 고유치가 반드시 존재한다. 또한 고유치에 대응하는 고유벡터 x는 무수히 많다. 이 고유치방정식은 연립방정식과 더불어 중요한 선형대수학의 문제이며 응용분야가 넓은 분야이다.

이 장에서는 다음과 같은 고유치방정식에 관한 성질을 알아 본다.

- 고유치와 고유벡터
- 고유공간
- 특성다항식과 특성방정식
- 대수적 중복도와 기하적 중복도
- 부족행렬
- 비슷한 행렬
- 대각화
- 직교행렬
- 스펙트럼 분해

4.1 고유치방정식과 행렬

$A = \begin{pmatrix} 1 & 0 \\ 2 & 3 \end{pmatrix}$이라고 하자. $u = \begin{pmatrix} -1 \\ 1 \end{pmatrix}$이고 $v = \begin{pmatrix} 0 \\ 1 \end{pmatrix}$이면 $Au = 3u$, $Av = 1v$이다. 따라서 $\lambda = 3$과 u 그리고 $\lambda = 1$과 v는 각각 방정식 $Ax = \lambda x$를 만족한다.

▮정의 4.1

정사각행렬 A에서 방정식 $Ax = \lambda x$를 만족하는 상수 λ를 A의 **고유치**(eigenvalue), 0이 아닌 벡터 x를 고유치 λ에 대응하는 A의 **고유벡터**(eigenvector)라고 한다.

이 고유벡터 u에 임의의 상수를 곱한 벡터, 예를 들어 $w = \begin{pmatrix} -3 \\ 3 \end{pmatrix}$도 $Aw = 3w$를 만족한다. 즉 $Ax = \lambda x$이면 임의의 상수 α에 대하여

$$A(\alpha x) = \alpha(Ax) = \alpha(\lambda x) = \lambda(\alpha x)$$

이므로 고유벡터에 0이 아닌 임의의 상수를 곱한 벡터는 모두 고유벡터이다. 이 벡터와 영벡터 θ를 포함한 집합을 고유공간이라고 한다.

▮정의 4.2

크기가 n인 행렬 A의 고유치 λ에 대하여 $Ax = \lambda x$를 만족하는 벡터 전체의 집합 $\{x \in R^n \mid Ax = \lambda x\}$을 λ에 대응하는 A의 **고유공간**(eigenspace)이라고 한다.

위 행렬 A의 $\lambda=3$에 대응하는 고유공간은 $\{\alpha\begin{pmatrix}-1\\1\end{pmatrix}\mid\alpha\in R\}$로 이 공간은 기하학적으로 원점을 지나고 기울기가 -1인 직선에 해당되며 $\lambda=1$에 대응하는 고유공간은 $\{\alpha\begin{pmatrix}0\\1\end{pmatrix}\mid\alpha\in R\}$로 원점을 지나는 y축이 된다.

λ가 행렬 A의 고유치이면 정의 4.1에 의하여 $Ax=\lambda x$을 만족하는 0이 아닌 벡터 x가 있다. 즉 $(A-\lambda I)x=0$이므로 행렬 $A-\lambda I$는 0이 아닌 해 x를 갖는다. 따라서 $A-\lambda I$는 정칙이 아니고 행렬식 $|A-\lambda I|=0$이 된다. 마찬가지로 행렬식 $|A-\lambda I|=0$이면 $Ax=\lambda x$을 만족하는 0이 아닌 벡터 x가 있으므로 다음과 같은 정리가 성립된다.

《정리 4.1

λ가 행렬 A의 고유치이면 $A-\lambda I$의 행렬식 $|A-\lambda I|=0$이고 그 역도 성립한다.

크기가 2인 행렬 $A=\begin{pmatrix}a&b\\c&d\end{pmatrix}$의 고유치에 대하여 알아보자. λ를 A의 고유치라고 하자. 그러면

$$A-\lambda I=\begin{pmatrix}a&b\\c&d\end{pmatrix}-\lambda\begin{pmatrix}1&0\\0&1\end{pmatrix}=\begin{pmatrix}a-\lambda&b\\c&d-\lambda\end{pmatrix}$$

이고 $|A-\lambda I|=(a-\lambda)(d-\lambda)-bc=\lambda^2-(a+d)\lambda+ad-bc$이므로

$$\lambda^2-(a+d)\lambda+ad-bc=0$$

이 되어 고유치는 이차방정식의 근이 된다. 따라서 이 방정식의 판별식에 따라 고유치는 서로 다른 두 실수이거나 또는 중근으로 하나의 실수 그리고 복소수의 세 가지 형태로 나타난다.

판별식 $D=(a+d)^2-4(ad-bc)=(a-d)^2+4bc$이므로 다음이 성립한다.

(1) $(a-d)^2+4bc>0$이면 서로 다른 두 실수 고유치

(2) $(a-d)^2+4bc=0$이면 중근인 하나의 실수 고유치

(3) $(a-d)^2+4bc<0$이면 복소수 고유치

따라서 행렬 $A=\begin{pmatrix} a & b \\ c & d \end{pmatrix}$는 $bc>0$이면 고유치는 서로 다른 두 실수이고, $bc=0$, $a=d$이면 하나의 실수를 갖는다. 고유치가 중근이면 반드시 $bc \le 0$이고 복소수이면 반드시 $bc<0$이어야 한다.

예제 4.1 (1) $\begin{pmatrix} 2 & 1 \\ 1 & 2 \end{pmatrix}$의 고유치는 $D=4$로 서로 다른 두 실수이다.

(2) $\begin{pmatrix} 1 & -1 \\ 1 & 3 \end{pmatrix}$의 고유치는 $D=0$이므로 중근인 한 실수이다.

(3) $\begin{pmatrix} 3 & 1 \\ -2 & 1 \end{pmatrix}$의 고유치는 $D=-4$이므로 복소수이다.

문제 4.1 (1) 위 예제에 있는 행렬의 고유치를 구하라.

(2) $\begin{pmatrix} a & b \\ b & d \end{pmatrix}$의 고유치는 서로 다른 두 실수임을 보여라.

(3) $\begin{pmatrix} a & b \\ -b & a \end{pmatrix}$의 고유치는 복소수임을 보여라.

고유치에 대응하는 고유벡터와 고유공간을 구하여 보자. 고유공간에 속한 0이 아닌 벡터는 모두 고유벡터가 된다.

예제 4.2 행렬 $A=\begin{pmatrix} 1 & 3 \\ 0 & 2 \end{pmatrix}$의 고유치, 고유벡터 그리고 고유공간을 구하여 보자.

풀이 행렬 A의 특성방정식

$$p(\lambda)=|A-\lambda I|=\begin{vmatrix} 1-\lambda & 3 \\ 0 & 2-\lambda \end{vmatrix}$$

$$=(1-\lambda)(2-\lambda)=0$$

의 해는 $\lambda = 1,\ 2$이므로 $\lambda_1 = 2,\ \lambda_2 = 1$이다. 한편 $\lambda_1 = 2$에 대응하는 A의 고유공간은 방정식 $(A - \lambda_1 I)u = 0$을 만족하므로

$$\begin{pmatrix} -1 & 3 \\ 0 & 0 \end{pmatrix}\begin{pmatrix} x \\ y \end{pmatrix} = 0 \Rightarrow -x + 3y = 0$$

이 된다. $y = \alpha$라 하면 $x = 3\alpha$이므로 $\lambda_1 = 2$에 대응하는 A의 고유공간은 $\{\alpha\begin{pmatrix} 3 \\ 1 \end{pmatrix} \mid \alpha \in \mathrm{R}\}$이고 $u_1 = \begin{pmatrix} 3 \\ 1 \end{pmatrix}$은 $\lambda_1 = 2$에 대응하는 A의 고유벡터이다. 같은 방법으로 $\lambda_2 = 1$에 대응하는 A의 고유공간은 $\{\alpha\begin{pmatrix} 1 \\ 0 \end{pmatrix} \mid \alpha \in \mathrm{R}\}$이고 $u_2 = \begin{pmatrix} 1 \\ 0 \end{pmatrix}$은 $\lambda_2 = 1$에 대응하는 A의 고유벡터이다. ■

문제 4.2 예제 4.1에 있는 행렬의 고유벡터를 구하라.

4.2 행렬식과 고유치

정리 4.1에 의하여 주어진 행렬의 고유치를 구하려면 행렬식에 관한 방정식의 해를 구해야 한다.

정의 4.3

행렬식 $p(\lambda) = |A - \lambda I|$을 행렬 A의 λ에 관한 **특성다항식**(characteristic polynomial)이라 하며 $p(\lambda) = 0$을 **특성방정식**(characteristic equation)이라고 한다.

λ가 행렬 A의 고유치라는 것과 A의 λ에 관한 특성방정식 $p(\lambda)=0$의 근이라는 것은 같은 뜻이다. 행렬 A의 크기가 n이면 특성다항식의 차수는 n이다. 대수학의 기본정리에 의하여 차수가 n인 특성방정식 $p(\lambda)=0$의 근은 복소수 위에서 중복을 허락해 반드시 n개 존재한다.

$$p(\lambda)=(\lambda-\lambda_1)^{n_1}(\lambda-\lambda_2)^{n_2}\cdots(\lambda-\lambda_r)^{n_r},\ n_1+n_2+\cdots+n_r=n$$

$n_i>1$이면 고유치 λ_i는 **대수적 중복도**(algebraic multiplicity) n_i를 갖는다고 한다. 따라서 다음 정리가 성립한다.

≪정리 4.2

행렬 $A\in R^{n\times n}$는 중복을 포함하여 복소수 범위에서 n개의 고유치를 갖는다.

예제 4.3 $A=\begin{pmatrix}1&1&1\\0&3&3\\-2&1&1\end{pmatrix}$의 고유치를 구하여 보자.

풀이 $A-\lambda=\begin{pmatrix}1-\lambda&1&1\\0&3-\lambda&3\\-2&1&1-\lambda\end{pmatrix}$이므로

$$\begin{aligned}\det(A-\lambda)&=\begin{vmatrix}1-\lambda&1&1\\0&3-\lambda&3\\-2&1&1-\lambda\end{vmatrix}\\&=(1-\lambda)\begin{vmatrix}3-\lambda&3\\1&1-\lambda\end{vmatrix}-2\begin{vmatrix}1&1\\3-\lambda&3\end{vmatrix}\\&=-\lambda(\lambda-3)(\lambda-2)\end{aligned}$$

이다. 따라서 $\lambda_1=0,\ \lambda_2=2,\ \lambda_3=3$이다. ■

문제 4.3 $A=\begin{pmatrix}2&1&1\\1&2&1\\1&1&2\end{pmatrix}$의 고유치를 구하라.

삼각행렬의 특성방정식의 해는 모두 대각성분이므로 다음 성질을 갖는다.

≪정리 4.3

위(또는 아래)삼각행렬의 고유치는 행렬의 대각성분과 같다.

증명 $A = \begin{pmatrix} d_1 & * & * & * \\ 0 & d_2 & * & * \\ 0 & 0 & \ddots & * \\ 0 & 0 & 0 & d_n \end{pmatrix}$라고 하자. 그러면 A의 특성다항식은

$$p(\lambda) = \begin{vmatrix} d_1 - \lambda & * & * & * \\ 0 & d_2 - \lambda & * & * \\ 0 & 0 & \ddots & * \\ 0 & 0 & 0 & d_n - \lambda \end{vmatrix}$$

$$= (d_1 - \lambda)\begin{vmatrix} d_2 - \lambda & * & * \\ 0 & \ddots & * \\ 0 & 0 & d_n - \lambda \end{vmatrix}$$

$$= (d_1 - \lambda)(d_2 - \lambda) \cdots (d_n - \lambda)$$

이므로 대각성분이 모두 고유치가 된다. ■

정리에 의하여 $A = \begin{pmatrix} 1 & 2 & 3 & 4 \\ 0 & 5 & 6 & 7 \\ 0 & 0 & 8 & 9 \\ 0 & 0 & 0 & 10 \end{pmatrix}$의 고유치는 1, 5, 8, 9이다.

≪정리 4.4

행렬 $A \in R^{n \times n}$이고 $Ax = \lambda x$라고 하자. 그러면 다음이 성립한다.

(1) λ^k는 A^k의 고유치이다.

(2) A가 정칙이면 $1/\lambda$는 A^{-1}의 고유치이다.

(3) 상수 α에 대하여 $\lambda - \alpha$는 $A - \alpha I$의 고유치이다.

(4) A의 고유치가 아닌 상수 α에 대하여 $(\lambda - \alpha)^{-1}$는 $(A - \alpha I)^{-1}$의 고유치이다.

증명 $Ax = \lambda x$ 이면

(1) $A^2 x = A(Ax) = A(\lambda x) = \lambda(Ax) = \lambda(\lambda x) = \lambda^2 x$ 이다.

같은 방법으로 $A^k x = \lambda^k x$ 이다.

(2) $x = A^{-1}(Ax) = A^{-1}(\lambda x) = \lambda A^{-1} x$ 이다.

따라서 $A^{-1} x = 1/\lambda x$ 이다.

(3) $(A - \alpha I)x = Ax - \alpha x = \lambda x - \alpha x = (\lambda - \alpha)x$ 이다.

따라서 $\lambda - \alpha$는 $A - \alpha I$의 고유치이다.

(4) 상수 α가 A의 고유치가 아니면 $\lambda - \alpha \neq 0$이다. (2)와 (3)에 의해 성립한다. ■

예제 4.4 $A = \begin{pmatrix} 1 & 1 & 1 \\ 0 & 3 & 3 \\ -2 & 1 & 1 \end{pmatrix}$의 고유치는 $\lambda_1 = 0,\ \lambda_2 = 2,\ \lambda_3 = 3$이다. 그러면 A^2의 고유치는 0, 4, 9이고, $A + I$의 고유치는 1, 3, 4이며 $(A + I)^{-1}$의 고유치는 1, $\frac{1}{3}$, $\frac{1}{4}$이다.

문제 4.4 (1) $A = \begin{pmatrix} 1 & 1 & 1 \\ 0 & 3 & 3 \\ -2 & 1 & 1 \end{pmatrix}$의 고유치는 $\lambda_1 = 0,\ \lambda_2 = 2,\ \lambda_3 = 3$이다.

$A + 2I$ 그리고 $(A + 2I)^{-1}$의 고유치를 구하라.

(2) 문제 4.3의 행렬 A의 고유치를 구하고 A^2, $A + 2I$ 그리고 $(A + 2I)^{-1}$의 고유치를 구하라.

크기가 n인 행렬은 중복을 포함하여 복소수 범위에서 n개의 고유치를 가지나 그에 대응하는 일차독립인 고유벡터는 많아야 n개이다. 그러나 서로 다른 n개의 고유치를 가지면 그에 대응하는 n개의 고유벡터는 일차독립이다.

≪정리 4.5

행렬 $A \in R^{n \times n}$가 서로 다른 n개의 고유치를 가지면 그에 대응하는 고유벡터는 일차독립이다.

증명 $Au_i = \lambda_i u_i$, $i=1,\ 2,\ \cdots,\ n$이고 $i \neq j$이면 $\lambda_i \neq \lambda_j$라고 하자. $\{u_1,\ u_2,\ \cdots,\ u_n\}$이 일차종속이라고 하면 적당한 $r<n$이 있어서 r개의 고유벡터가 일차독립이고 $r+1$개의 고유벡터는 일차종속이다. 그러므로 적당한 상수 c_k, $k=1,\ \cdots,\ r$이 있어서

$$c_1 u_1 + c_2 u_2 + \cdots + c_r u_r = u_{r+1}$$

이 된다. 여기서 $\{u_1,\ u_2,\ \cdots,\ u_{r+1}\}$은 재배열된 것이다. 그러면

$$c_1 Au_1 + c_2 Au_2 + \cdots + c_r Au_r = Au_{r+1}$$

이고 따라서 $c_1\lambda_1 u_1 + c_2\lambda_2 u_2 + \cdots + c_r\lambda_r u_r = \lambda_{r+1} u_{r+1}$이다. 그러므로

$$c_1(\lambda_1 - \lambda_{r+1})u_1 + c_2(\lambda_2 - \lambda_{r+1})u_2 + \cdots + c_r(\lambda_r - \lambda_{r+1})u_r = 0$$

이다. $\{u_1,\ u_2,\ \cdots,\ u_r\}$은 일차독립이고 $\lambda_i \neq \lambda_j$이므로 모든 $c_i = 0$이다. $u_{r+1} \neq 0$이므로 이는 모순이다. 그러므로 $\{u_1,\ u_2,\ \cdots,\ u_n\}$은 일차독립이다. ■

예를 들면 행렬 $A = \begin{pmatrix} 1 & 3 \\ 0 & 2 \end{pmatrix}$의 고유치는 $\lambda_1 = 2$과 $\lambda_2 = 1$이고 각각에 대응하는 고유벡터 $u = \begin{pmatrix} 3 \\ 1 \end{pmatrix}$, $v = \begin{pmatrix} 1 \\ 0 \end{pmatrix}$은 일차독립이다.

예제 4.5 $A=\begin{pmatrix} 1 & 1 & 1 \\ 0 & 3 & 3 \\ -2 & 1 & 1 \end{pmatrix}$의 고유치는 $\lambda_1=0$, $\lambda_2=2$, $\lambda_3=3$이다. 각 고유치에 대응하는 고유벡터를 구하고 일차독립임을 보여라.

풀이 (1) $\lambda_1=0$의 경우

$$\begin{pmatrix} 1 & 1 & 1 \\ 0 & 3 & 3 \\ -2 & 1 & 1 \end{pmatrix}\begin{pmatrix} x \\ y \\ z \end{pmatrix}=\begin{pmatrix} 0 \\ 0 \\ 0 \end{pmatrix} \Rightarrow \begin{pmatrix} 1 & 1 & 1 \\ 0 & 3 & 3 \\ -2 & 1 & 1 \end{pmatrix}$$

$$\Rightarrow \begin{pmatrix} 1 & 1 & 1 \\ 0 & 3 & 3 \\ 0 & 3 & 3 \end{pmatrix} \Rightarrow \begin{pmatrix} 1 & 1 & 1 \\ 0 & 1 & 1 \\ 0 & 0 & 0 \end{pmatrix}$$

이므로 $y=-z$, $x=-y-z=0$이다. $z=k$로 보면 $x=0$, $y=-k$이므로 $u_1=(0,\ -1,\ 1)^T$이다.

(2) $\lambda_2=2$의 경우

$$\begin{pmatrix} -1 & 1 & 1 \\ 0 & 1 & 3 \\ -2 & 1 & -1 \end{pmatrix}\begin{pmatrix} x \\ y \\ z \end{pmatrix}=\begin{pmatrix} 0 \\ 0 \\ 0 \end{pmatrix} \Rightarrow \begin{pmatrix} -1 & 1 & 1 \\ 0 & 1 & 3 \\ -2 & 1 & -1 \end{pmatrix}$$

$$\Rightarrow \begin{pmatrix} -1 & 1 & 1 \\ 0 & 1 & 3 \\ 0 & -1 & -3 \end{pmatrix} \Rightarrow \begin{pmatrix} -1 & 1 & 1 \\ 0 & 1 & 3 \\ 0 & 0 & 0 \end{pmatrix} \Rightarrow \begin{pmatrix} 1 & 0 & -2 \\ 0 & 1 & 1 \\ 0 & 0 & 0 \end{pmatrix}$$

이므로 $y=-z$, $x=2z$이다. $z=k$로 보면 $x=2k$, $y=-k$이므로 $u_2=(2,\ -1,\ 1)^T$이다.

(3) $\lambda_2=3$의 경우

$$\begin{pmatrix} -2 & 1 & 1 \\ 0 & 0 & 3 \\ -2 & 1 & -2 \end{pmatrix}\begin{pmatrix} x \\ y \\ z \end{pmatrix}=\begin{pmatrix} 0 \\ 0 \\ 0 \end{pmatrix} \Rightarrow \begin{pmatrix} -2 & 1 & 1 \\ 0 & 0 & 3 \\ -2 & 1 & -2 \end{pmatrix}$$

$$\Rightarrow \begin{pmatrix} -2 & 1 & 1 \\ -2 & 1 & -2 \\ 0 & 0 & 3 \end{pmatrix} \Rightarrow \begin{pmatrix} -2 & 1 & 1 \\ 0 & 0 & -4 \\ 0 & 0 & 3 \end{pmatrix}$$

$$\Rightarrow \begin{pmatrix} -2 & 1 & 1 \\ 0 & 0 & 1 \\ 0 & 0 & 0 \end{pmatrix} \Rightarrow \begin{pmatrix} -2 & 1 & 0 \\ 0 & 0 & 1 \\ 0 & 0 & 0 \end{pmatrix}$$

이므로 $z=0$, $-2x+y=0$이다. $x=k$로 보면 $y=2k$이므로 $u_3=(1,\ 2,\ 0)^T$이다.

고유벡터의 행렬식은

$$\begin{vmatrix} 0 & 2 & 1 \\ -1 & -1 & 2 \\ 1 & 1 & 0 \end{vmatrix} = 4 \neq 0$$

이므로 $\{u_1,\ u_2,\ u_3\}$는 일차독립이다. ■

문제 4.5 $A=\begin{pmatrix} 3 & -1 & -1 \\ -12 & 0 & 5 \\ 4 & -2 & -1 \end{pmatrix}$의 고유치와 각 고유치에 대응하는 고유벡터를 구하고 일차독립임을 보여라.

정의 4.4

λ가 A의 고유치일 때 $A-\lambda I$의 영공간 $E_\lambda=\{x\,|\,(A-\lambda I)x=0\}$의 차원을 기하적 중복도(geometric multiplicity)라 한다.

고유치 λ의 기하적 중복도 $\dim(E_\lambda)$는 $\dim(E_\lambda) \geq 1$이고 λ의 대수적 중복도보다 같거나 작다. 예를 들어 행렬 $B=\begin{pmatrix} 1 & 1 \\ 0 & 1 \end{pmatrix}$의 특성다항식은 $p(\lambda)=|B-\lambda I|=(1-\lambda)^2$이므로 $\lambda=1$은 (대수적) 중복도 2를 갖는 고유치이다. $\lambda=1$에 대응하는 영공간은 $(B-I)\begin{pmatrix} x \\ y \end{pmatrix}=\begin{pmatrix} 0 & 1 \\ 0 & 0 \end{pmatrix}\begin{pmatrix} x \\ y \end{pmatrix}=\begin{pmatrix} 0 \\ 0 \end{pmatrix}$을 만족하므로 $y=0$이다. 따라서 일차독립인 B의 고유벡터는 $\begin{pmatrix} 1 \\ 0 \end{pmatrix}$ 하나뿐으로 기하적 중복도는 1이다.

예제 4.6 아래 행렬은 모두 대수적 중복도가 3이다. 기하적 중복도를 구하라.

(1) $A=\begin{pmatrix}1&1&1\\0&1&1\\0&0&1\end{pmatrix}$　　(2) $B=\begin{pmatrix}1&0&0\\0&1&1\\0&0&1\end{pmatrix}$

(3) $C=\begin{pmatrix}1&0&0\\0&1&0\\0&0&1\end{pmatrix}$

풀이 각 행렬의 특성다항식은 모두 $p(\lambda)=(1-\lambda)^3$이다. 그러므로 고유치 $\lambda=1$의 대수적 중복도는 3이다.

(1) $A-I=\begin{pmatrix}0&1&1\\0&0&1\\0&0&0\end{pmatrix} \Rightarrow z=0,\ y+z=0 \Rightarrow z=0,\ y=0$

이다. x는 임의의 벡터이므로 $E_1=\text{span}\{\begin{pmatrix}1\\0\\0\end{pmatrix}\}$이다. 따라서 $\dim(E_\lambda)=1$이다.

(2) $B-I=\begin{pmatrix}0&0&0\\0&0&1\\0&0&0\end{pmatrix} \Rightarrow z=0$이다. x와 y는 임의의 벡터이므로 $E_1=\text{span}\{\begin{pmatrix}1\\0\\0\end{pmatrix},\begin{pmatrix}0\\1\\0\end{pmatrix}\}$이다. 따라서 $\dim(E_\lambda)=2$이다.

(3) $C-I=\begin{pmatrix}0&0&0\\0&0&0\\0&0&0\end{pmatrix}$이다. x, y, z 모두 임의의 벡터이므로 $E_1=\text{span}\{\begin{pmatrix}1\\0\\0\end{pmatrix},\begin{pmatrix}0\\1\\0\end{pmatrix},\begin{pmatrix}0\\0\\1\end{pmatrix}\}$이다. 따라서 $\dim(E_\lambda)=3$이다.■

정의 4.5

대수적 중복도보다 기하적 중복도가 작은 고유치가 있으면 그 행렬을 부족행렬(defective matrix)이라고 한다.

위의 예에서 A, B는 부족행렬이다.

문제 4.6 다음 행렬의 고유치를 구하고 부족행렬인지 판별하라.

$$\begin{pmatrix} 1 & 1 & 1 \\ 1 & 1 & 1 \\ 1 & 1 & 1 \end{pmatrix}$$

4.3 복소고유치와 고유벡터

이 장을 설명하기 전에 간단히 복소수에 대하여 살펴보자. $a, b \in R$에 대하여 $z = a + ib$을 **복소수**라고 한다. a를 **실수부** 그리고 b를 **허수부**라고 한다. 허수부의 부호가 바뀐 $a - ib$를 z의 **켤레복소수**라 하고 $\overline{z}$로 나타낸다. 복소수의 연산은 다음과 같다.

$$(\overline{z+w}) = \overline{z} + \overline{w}, \quad \overline{zw} = \overline{z}\,\overline{w} \quad z + \overline{z} = 2a \quad z - \overline{z} = 2ib$$

$z\overline{z} = a^2 + b^2$이고 $|z| = \sqrt{z\overline{z}} = \sqrt{a^2 + b^2}$을 z의 **크기**라 한다.

예를 들면 $z = 3 + 4i$, $w = 4 - 3i$일 때 $z + w = 7 + i$, $zw = 24 + 7i$, $|z| = 5$ 그리고 $w + \overline{w} = 8$, $z - \overline{z} = 8i$가 된다.

복소수 벡터 $x = \begin{pmatrix} x_1 \\ x_2 \\ \vdots \\ x_n \end{pmatrix}$인 경우 켤레 벡터는 $\overline{x} = \begin{pmatrix} \overline{x}_1 \\ \overline{x}_2 \\ \vdots \\ \overline{x}_n \end{pmatrix}$이다. 이 벡터의 노름은 $\|x\| = \sqrt{\overline{x}^T x}$ 이다. 여기서

$$\overline{x}^T x = \overline{x}_1 x_1 + \overline{x}_2 x_2 + \cdots + \overline{x}_n x_n = |x_1|^2 + |x_2|^2 + \cdots + |x_n|^2$$

예를 들면 $x=\begin{pmatrix}1\\2-i\\1+3i\end{pmatrix}$, $y=\begin{pmatrix}i\\1+2i\\-1\end{pmatrix}$일 때 $\overline{x}=\begin{pmatrix}1\\2+i\\1-3i\end{pmatrix}$, $\|x\|=\sqrt{1+5+10}=4$, $\overline{y}=\begin{pmatrix}-i\\1-2i\\-1\end{pmatrix}$, $\|y\|=\sqrt{1+5+1}=\sqrt{7}$, 그리고 $x^Ty=i+(4+3i)-(1+3i)=3+i$가 된다.

$\begin{pmatrix}3&1\\-2&1\end{pmatrix}$의 고유치를 구해보자. 특성방정식이 $p(\lambda)=\begin{vmatrix}3-\lambda&1\\-2&1-\lambda\end{vmatrix}=\lambda^2+4\lambda+5=0$이므로 고유치는 $\lambda=2\pm i$이다.

$\lambda_1=2+i$에 대한 고유벡터는

$$\begin{pmatrix}3-(2+i)&1\\-2&1-(2+i)\end{pmatrix}\Rightarrow\begin{pmatrix}1-i&1\\-2&-1-i\end{pmatrix}\Rightarrow\begin{pmatrix}1-i&1\\0&0\end{pmatrix}$$

이다. 따라서 $(1-i)x+y=0$이고 $x=1+i$일 때 $y=-2$이다. λ_1에 대한 고유벡터는

$$u_1=\begin{pmatrix}1+i\\-2\end{pmatrix}=\begin{pmatrix}1\\-2\end{pmatrix}+\begin{pmatrix}1\\0\end{pmatrix}i$$

이다. 한편 $\lambda_2=2-i$에 대한 고유벡터는

$$\begin{pmatrix}3-(2-i)&1\\-2&1-(2-i)\end{pmatrix}\Rightarrow\begin{pmatrix}1+i&1\\-2&-1+i\end{pmatrix}\Rightarrow\begin{pmatrix}1+i&1\\0&0\end{pmatrix}$$

이다. 따라서 $(1+i)x+y=0$이고 $x=1-i$일 때 $y=-2$이다. λ_2에 대한 고유벡터는

$$u_2=\begin{pmatrix}1-i\\-2\end{pmatrix}=\begin{pmatrix}1\\-2\end{pmatrix}-\begin{pmatrix}1\\0\end{pmatrix}i$$

로 $\overline{u_1}$이다. 그러므로 한 고유치에 대한 고유벡터만 알면 켤레인 다른 고유치의 고유벡터는 그 고유벡터의 켤레가 된다.

≪ 정리 4.6

행렬 $A \in R^{n \times n}$의 고유치를 λ라 하고 이에 대응하는 고유벡터를 u라 하자. 그러면 $\overline{\lambda}$도 고유치이고 이에 대응하는 고유벡터는 $\overline{u}$이다.

증명 $Au = \lambda u$라고 하자. $\overline{Au} = \overline{A}\,\overline{u} = A\overline{u}$이고 $\overline{\lambda u} = \overline{\lambda}\,\overline{u}$이므로 $A\overline{u} = \overline{\lambda}\,\overline{u}$이다. 따라서 $\overline{\lambda}$에 대응하는 고유벡터는 $\overline{u}$이다. ■

≪ 정리 4.7

대칭행렬의 고유치는 모두 실수이다.

증명 A를 대칭행렬이라 하고 $Au = \lambda u$라고 하자. 그러면

$$\overline{u}^T(Au) = \overline{u}^T(\lambda u) = \lambda(\overline{u}^T u) = \lambda \|u\|^2$$

이다. 한편 $\overline{u}^T(Au) = (Au)^T \overline{u} = u^T A\, \overline{u} = u^T \overline{\lambda u} = \overline{\lambda} u^T \overline{u}$ $= \overline{\lambda}\|u\|^2$이므로 $\lambda\|u\|^2 = \overline{\lambda}\|u\|^2$이다. 그러므로 $\lambda = \overline{\lambda}$로 고유치는 실수이다. ■

≪ 정리 4.8

대칭행렬의 고유치가 다르면 그에 대응하는 고유벡터는 직교한다.

증명 행렬 A를 대칭이고 $Au = \lambda u$, $Av = \mu v$라 하자. $\lambda \neq \mu$라고 하면

$$v^T A u = \lambda v^T u,\ u^T A v = \mu u^T v$$

이다. $v^T A u$, $v^T u$, $u^T A v$와 $u^T v$는 모두 상수이고 $v^T A u =$

$(u^TAv)^T$, $v^Tu=(u^Tv)^T$이므로 $v^TAu=u^TAv$ 이고 $v^Tu=$ $=u^Tv$이다. 따라서

$$(\lambda-\mu)u^Tv=0$$

이고 $\lambda\neq\mu$이므로 $u^Tv=0$이 된다. ■

《 정리 4.9

n차 대칭행렬은 서로 직교하는 n개의 고유벡터를 갖는다.

이차 대칭행렬 $\begin{pmatrix}2 & 1\\1 & 2\end{pmatrix}$의 고유방정식은 $p(\lambda)=\lambda^2-4\lambda+3=0$이므로 $\lambda=1$, 3이다. 고유벡터가 직교함을 살펴보자. $\lambda=1$과 $\lambda=3$에 대응하는 고유벡터는 각각

$$x+y=0,\ -x+y=0$$

을 만족하므로 각각에 대응하는 고유벡터는 $(1,\ -1)^T$, $(1,\ 1)^T$이다. 따라서 벡터의 곱은 $(1,\ -1)(1,\ 1)^T=0$이므로 직교한다.

예제 4.7 다음 행렬의 고유치를 구하고 대응하는 고유벡터는 서로 직교하는지 살펴보자.

$$\begin{pmatrix}2 & -1 & 1\\-1 & 1 & -2\\1 & -2 & 1\end{pmatrix}$$

풀이 특성다항식이

$$p(\lambda)=\begin{vmatrix}2-\lambda & -1 & 1\\-1 & 1-\lambda & -2\\1 & -2 & 1-\lambda\end{vmatrix}$$

$$= (2-\lambda)(1-\lambda)^2 + 2 + 2 - [(1-\lambda) + 4(2-\lambda) + (1-\lambda)]$$
$$= (\lambda-4)(\lambda-1)(\lambda+1)$$

이므로 이 행렬의 고유치는 $\lambda_1 = 4$, $\lambda_2 = 1$, $\lambda_3 = -1$이다. $\lambda_1 = 4$일 때 대응하는 고유벡터는

$$\begin{pmatrix} -2 & -1 & 1 \\ -1 & -3 & -2 \\ 1 & -2 & -3 \end{pmatrix}\begin{pmatrix} x \\ y \\ z \end{pmatrix} = \begin{pmatrix} 0 \\ 0 \\ 0 \end{pmatrix}$$

이므로 세 번째 행을 첫 번째 행에 더하고 다시 첫 행에 -1을 곱하여 둘째 행에 더하면

$$\begin{pmatrix} -1 & -3 & -2 \\ -1 & -3 & -2 \\ 1 & -2 & -3 \end{pmatrix} \Rightarrow \begin{pmatrix} -1 & -3 & -2 \\ 0 & 0 & 0 \\ 1 & -2 & -3 \end{pmatrix} \Rightarrow \begin{pmatrix} -1 & -3 & -2 \\ 1 & -2 & -3 \\ 0 & 0 & 0 \end{pmatrix}$$

이 된다. 다시 첫 행을 두 번째 행에 더한 후 나온 두 번째 행을 -5로 나누면

$$\begin{pmatrix} -1 & -3 & -2 \\ 0 & -5 & -5 \\ 0 & 0 & 0 \end{pmatrix} \Rightarrow \begin{pmatrix} -1 & -3 & -2 \\ 0 & 1 & 1 \\ 0 & 0 & 0 \end{pmatrix}$$

이 된다. $z = k$라고 놓으면 $y = -k$, $x = k$가 되어 고유벡터는

$$\begin{pmatrix} 1 \\ -1 \\ 1 \end{pmatrix}$$

가 된다. 같은 방법으로

$$u_2 = \begin{pmatrix} -2 \\ -1 \\ 1 \end{pmatrix},\ u_3 = \begin{pmatrix} 0 \\ 1 \\ 1 \end{pmatrix}$$

를 구할 수 있고 u_1, u_2, u_3 모두 직교한다. ■

문제 4.7 $\begin{pmatrix} 0 & 0 & 2 \\ 0 & 2 & 0 \\ 2 & 0 & 3 \end{pmatrix}$의 고유치를 구하고 대응하는 고유벡터가 직교함을 보여라.

> **≪정리 4.10**
>
> A, B, C, Θ는 $\begin{pmatrix} A & B \\ \Theta & C \end{pmatrix}$을 구성하는 행렬이며 Θ는 영행렬이다. $\begin{pmatrix} A & B \\ \Theta & C \end{pmatrix}$의 고유치는 A 또는 C의 고유치이다.

예제 4.8 $\begin{pmatrix} 2 & 1 & 0 \\ 1 & 2 & 0 \\ 0 & 0 & 3 \end{pmatrix}$의 고유치와 직교하는 고유벡터를 구해보자.

풀이 고유치는 $\lambda = 1,\ 3$이고 3은 중복된 고유치이다. $\lambda = 1$에 대응하는 고유벡터는

$$\begin{pmatrix} 1 & 1 & 0 \\ 1 & 1 & 0 \\ 0 & 0 & 2 \end{pmatrix}\begin{pmatrix} x \\ y \\ z \end{pmatrix} = \begin{pmatrix} 0 \\ 0 \\ 0 \end{pmatrix}$$

을 만족하므로 $x + y = 0,\ z = 0$, 즉 $(1,\ -1,\ 0)$이 된다. $\lambda = 3$에 대응하는 고유벡터는

$$\begin{pmatrix} -1 & 1 & 0 \\ 1 & -1 & 0 \\ 0 & 0 & 0 \end{pmatrix}\begin{pmatrix} x \\ y \\ z \end{pmatrix} = \begin{pmatrix} 0 \\ 0 \\ 0 \end{pmatrix}$$

을 만족하므로 $-x + y = 0$이다. 즉 $\lambda = 3$에 대응하는 고유벡터는 x 성분과 y 성분이 같아야 한다. $\lambda = 3$에 대응하는 고유벡터로 $(1,\ 1,\ 0)^T$, $(0,\ 0,\ 1)^T$을 택하면 고유벡터는 모두 서로 직교한다. ■

문제 4.8 $A=\begin{pmatrix} 2 & -1 & 1 \\ -1 & 1 & -2 \\ 1 & -2 & 1 \end{pmatrix}$, $B=\begin{pmatrix} 2 & 1 \\ 1 & 2 \\ 1 & 1 \end{pmatrix}$, $C=\begin{pmatrix} 6 & 8 \\ -1 & 2 \end{pmatrix}$이다. $\begin{pmatrix} A & B \\ \Theta & C \end{pmatrix}$의 고유치를 구하라.

4.4 비슷한 변환과 행렬의 대각화

▌정의 4.6

정사각행렬 A, B에 대하여 $B=C^{-1}AC$가 되는 정칙행렬 C가 있으면 A, B는 서로 비슷한 행렬(similar matrices)이라고 한다.

$B=C^{-1}AC$라고 하자. $\det(C^{-1})=1/\det(C)$이므로 B의 특성다항식은

$$\begin{aligned} p(\lambda) &= |C^{-1}AC-\lambda I| = |C^{-1}(A-\lambda I)C| \\ &= |C^{-1}||A-\lambda I||C| = |A-\lambda I| \end{aligned}$$

이므로 A의 특성다항식과 같다. 따라서 다음 정리가 성립한다.

《정리 4.11

비슷한 행렬의 고유치는 서로 같다.

$B=C^{-1}AC$이고 $Ax=\lambda x$, $x\neq 0$라고 하자. $C^{-1}Ax=\lambda C^{-1}x$이 된다. $x=CC^{-1}x$이므로

$$(C^{-1}AC)C^{-1}x = C^{-1}A(CC^{-1}x) = \lambda C^{-1}(CC^{-1}x) = \lambda C^{-1}x$$

이 되어 $y = C^{-1}x$로 택하면

$$By = \lambda y$$

이 된다. 따라서 λ가 A의 고유치이고 x가 대응하는 고유벡터이면 $B = C^{-1}AC$의 고유치는 λ이나 대응하는 고유벡터는 $C^{-1}x$가 된다. 반대로 μ가 B의 고유치이고 x가 대응하는 고유벡터이면 A의 고유치는 λ이나 대응하는 고유벡터는 Cx가 된다. 즉 비슷한 행렬의 고유치는 서로 같다.

행렬 A가 대각행렬과 비슷하면 A의 거듭제곱인 A^k 계산을 아주 쉽게 할 수 있다. 왜냐하면 $C^{-1}AC = D$가 대각행렬이면 $D^2 = (C^{-1}AC)(C^{-1}AC) = C^{-1}A^2C$이다. 같은 방법으로 거듭제곱은 $D^k = (C^{-1}AC)^k = C^{-1}A^kC$이 된다. D^k는 D의 대각성분을 k번 거듭제곱한 것이므로 쉽게 계산된다. 그러므로

$$A^k = CD^kC^{-1}$$

를 쉽게 계산할 수 있다.

▌정의 4.7

A가 대각행렬과 비슷한 행렬이면 A는 대각화(diagonalizable)가 가능하다고 한다.

≪정리 4.12

크기가 n인 행렬 A가 대각화가 가능하면 A는 n개의 일차독립인 고유벡터가 있다. 역도 성립한다.

증명 $\{u_1, u_2, \cdots, u_n\}$은 A의 일차독립인 고유벡터라 하자. 즉 $Au_i = \lambda_i u_i$이다. 행렬 $C = [u_1, u_2, \cdots, u_n]$은 정칙이므로 C^{-1}

이 존재하고

$$C^{-1}C=[C^{-1}u_1,\ C^{-1}u_2,\ \cdots,\ C^{-1}u_n]=[e_1,\ e_2,\ \cdots,\ e_n]=I$$

이다. $AC=[Au_1,\ Au_2,\ \cdots,\ Au_n]=[\lambda_1 u_1,\ \lambda_2 u_2,\ \cdots,\ \lambda_n u_n]$ 이고

$$\begin{aligned} C^{-1}AC &= [C^{-1}Au_1,\ C^{-1}Au_2,\ \cdots,\ C^{-1}Au_n] \\ &= [\lambda_1 e_1,\ \lambda_2 e_2,\ \cdots,\ \lambda_n e_n] \end{aligned}$$

이다. 그러므로

$$C^{-1}AC=\begin{pmatrix} \lambda_1 & 0 & 0 & \cdots & 0 \\ 0 & \lambda_2 & 0 & \cdots & 0 \\ 0 & 0 & \lambda_3 & \cdots & 0 \\ \vdots & & & & \vdots \\ 0 & 0 & 0 & \cdots & \lambda_n \end{pmatrix}=D$$

이다. $D=C^{-1}AC$이 대각행렬이라 하자. 여기서 $C=[C_1,\ C_2,\ \cdots,\ C_n]$이고 $D=[d_1e_1,\ d_2e_2,\ \cdots,\ d_ne_n]$이다. $AC=CD$이므로 $AC_k=d_kC_k,\ k=1,\ 2,\ \cdots,\ n$이다. 따라서 d_k는 A의 고유치이고 대응하는 고유벡터는 $\{C_1,\ C_2,\ \cdots,\ C_n\}$이다. C가 정칙이므로 $\{C_1,\ C_2,\ \cdots,\ C_n\}$은 A의 일차독립인 고유벡터이다. ■

《정리 4.13

크기가 n인 행렬 A가 서로 다른 n개의 고유치를 가지면 A는 대각화가 가능하다.

증명 A가 서로 다른 n개의 고유치를 가지면 n개의 일차독립인 고유벡터가 존재하므로 앞 정리에 의해 A는 대각화가 가능하다. ■

예제 4.9 $A=\begin{pmatrix}5&-6\\3&-4\end{pmatrix}$가 대각화가 가능한지 알아보고 A^{10}을 구하라.

풀이 A의 고유치는 $\lambda_1=2$, $\lambda_2=-1$이며 대응하는 고유벡터는 $u_1=\begin{pmatrix}2\\1\end{pmatrix}$, $u_2=\begin{pmatrix}1\\1\end{pmatrix}$이다.

$C=\begin{pmatrix}2&1\\1&1\end{pmatrix}$이라 하면 $C^{-1}=\begin{pmatrix}1&-1\\-1&2\end{pmatrix}$이다.

$$C^{-1}AC=\begin{pmatrix}1&-1\\-1&2\end{pmatrix}\begin{pmatrix}5&-6\\3&-4\end{pmatrix}\begin{pmatrix}2&1\\1&1\end{pmatrix}=\begin{pmatrix}2&0\\0&-1\end{pmatrix}=D$$

$A^{10}=CD^{10}C^{-1}$이고 $D^{10}=\begin{pmatrix}2^{10}&0\\0&1\end{pmatrix}$이므로

$A^{10}=\begin{pmatrix}2047&-2046\\1023&-1022\end{pmatrix}$이다. ■

문제 4.9 $A=\begin{pmatrix}1&2\\2&1\end{pmatrix}$가 대각화가 가능한지 알아보고 A^5을 구하라.

정의 4.8

크기가 n인 행렬 Q과 그 역행렬이 같으면($Q^{-1}=Q$) Q를 직교행렬(orthogonal matrix)이라 한다.

만일 $Q=[q_1, q_2, \cdots, q_n]$가 직교행렬이면 $Q^TQ=I$이므로 q_i들은 정규직교벡터가 된다. 또한

$$\|Qx\|^2=(Qx)^T(Qx)=x^T(Q^TQ)x=x^TIx=\|x\|^2$$

이 되어 $Q: R^n\rightarrow R^n$는 직교변환이 된다.

예제 4.10 $Q=\frac{1}{\sqrt{2}}\begin{pmatrix} 1 & 0 & 1 \\ 0 & \sqrt{2} & 0 \\ -1 & 0 & 1 \end{pmatrix}$은 직교행렬임을 보여라.

풀이 $$Q^TQ=\frac{1}{2}\begin{pmatrix} 1 & 0 & -1 \\ 0 & \sqrt{2} & 0 \\ 1 & 0 & 1 \end{pmatrix}\begin{pmatrix} 1 & 0 & 1 \\ 0 & \sqrt{2} & 0 \\ -1 & 0 & 1 \end{pmatrix}=\begin{pmatrix} 1 & 0 & 0 \\ 0 & 1 & 0 \\ 0 & 0 & 1 \end{pmatrix}$$

문제 4.10 $Q=\frac{1}{\sqrt{6}}\begin{pmatrix} \sqrt{3} & 1 & \sqrt{2} \\ 0 & -2 & \sqrt{2} \\ -\sqrt{3} & 1 & \sqrt{2} \end{pmatrix}$은 직교행렬임을 보여라.

《 정리 4.14

Q를 크기가 n인 직교행렬이라고 하자. 그러면 다음이 성립한다.

(1) $x\in R^n$에 대하여 $\|Qx\|=\|x\|$이다.

(2) $x,\ y\in R^n$에 대하여 $(Qx)^T(Qy)=x^Ty$이다.

(3) $\det(Q)=\pm 1$

증명 (1)은 이미 증명함

(2) $(Qx)^T(Qy)=x^TQ^TQy=x^Ty$

(3) $1=\det(Q^TQ)=\det(Q^T)\det(Q)=\det(Q)^2$이므로 $\det(Q)=\pm 1$이다.

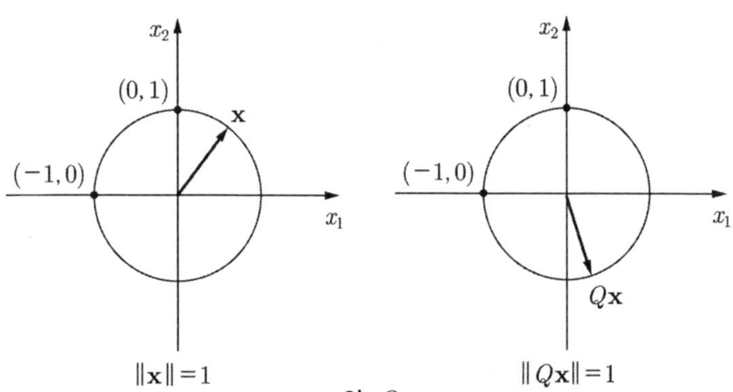

x와 Qx

$x^T y = \|x\|\|y\|\cos\theta$이고 $(Qx)^T(Qy) = \|Qx\|\|Qy\|\cos\phi$이다. $(Qx)^T(Qy) = x^T y$이고 $\|Qx\| = \|x\|$이므로 $\cos\theta = \cos\phi$이다. 그러므로 x와 y의 사잇각과 Qx와 Qy의 사잇각은 같다. ■

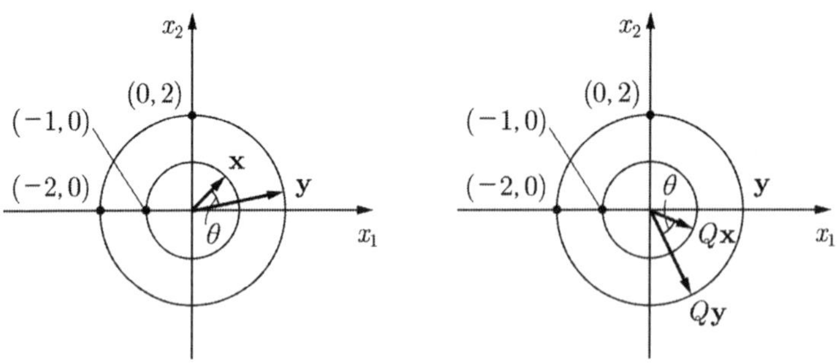

x와 y 그리고 Qx와 Qy의 사잇각

≪ 정리 4.15

크기가 n인 행렬 A가 오직 실수 고유치만 가진다고 하자. 그러면 적당한 직교행렬 Q가 존재해서 $Q^T A Q = T$가 된다. 여기서 T는 위삼각행렬이다.

≪ 정리 4.16

크기가 n인 행렬 A가 대칭이면 적당한 직교행렬 Q가 존재해서 $Q^T A Q = D$는 대각행렬이다. 역으로 $Q^T A Q = D$가 대각행렬이고 Q가 직교행렬이면 A는 대칭이다.

증명 A가 대칭이면 고유치는 모두 실수이다. 따라서 적당한 직교행렬 Q가 존재해서 $Q^T A Q = T$는 위삼각행렬이다. A가 대칭이므로 $T^T = (Q^T A Q)^T = Q^T A Q = T$이다. 따라서 T는 대각행렬이다. $Q^T A Q = D$가 대각행렬이라고 하자. 그러면 D^T

$= (Q^T A Q)^T = Q^T A^T Q = D$이다. 따라서 $Q^T(A - A^T)Q = 0$이다. 그러므로 $A = A^T$으로 대칭이다. ■

≪정리 4.17

크기가 n인 행렬 A가 대칭이면 R^n의 정규직교기저가 되는 고유벡터 $u_1, u_2, \cdots, u_n$가 존재한다.

예제 4.11 $A = \begin{pmatrix} -1 & 1 & 1 & 1 \\ 1 & -1 & 1 & 1 \\ 1 & 1 & -1 & 1 \\ 1 & 1 & 1 & -1 \end{pmatrix}$의 고유벡터로 R^4의 정규직교기저를 구하여 보자

풀이 고유치는 $\lambda_1 = \lambda_2 = \lambda_3 = 2$, $\lambda_4 = -2$이고 대응하는 고유벡터는 다음과 같다.

$$u_1 = \begin{pmatrix} 1 \\ -1 \\ 0 \\ 0 \end{pmatrix},\ u_2 = \begin{pmatrix} 1 \\ 0 \\ -1 \\ 0 \end{pmatrix},\ u_3 = \begin{pmatrix} 1 \\ 0 \\ 0 \\ -1 \end{pmatrix},\ u_4 = \begin{pmatrix} 1 \\ 1 \\ 1 \\ 1 \end{pmatrix}$$

여기서 u_1, u_2, u_3와 u_4는 직교이나 u_1, u_2, u_3은 직교하지 않는다. 그람 슈미트 정리에 의해

$$w_1 = \begin{pmatrix} 1 \\ -1 \\ 0 \\ 0 \end{pmatrix},\ w_2 = \begin{pmatrix} 1/2 \\ 1/2 \\ -1 \\ 0 \end{pmatrix},\ w_3 = \begin{pmatrix} 1/3 \\ 1/3 \\ 1/3 \\ -1 \end{pmatrix}$$

은 직교벡터이다. 따라서 $\{w_1, w_2, w_3, u_4\}$은 직교집합이다. 각 벡터를 자신의 크기로 나눈 벡터 v_1, v_2, v_3, v_4는 정규직교벡터이고 R^4의 기저가 된다.

여기서

$$v_1 = \frac{1}{\sqrt{2}}\begin{pmatrix} 1 \\ -1 \\ 0 \\ 0 \end{pmatrix},\ v_2 = \frac{1}{\sqrt{6}}\begin{pmatrix} 1 \\ 1 \\ -2 \\ 0 \end{pmatrix},\ v_3 = \frac{1}{\sqrt{12}}\begin{pmatrix} 1 \\ 1 \\ 1 \\ -3 \end{pmatrix},$$

$v_4 = \frac{1}{2}\begin{pmatrix} 1 \\ 1 \\ 1 \\ 1 \end{pmatrix}$이다. ■

문제 4.11 $A = \begin{pmatrix} 2 & -1 \\ -1 & 2 \end{pmatrix}$의 고유벡터로 R^4의 정규직교기저를 구하라.

정의 4.9

크기가 n인 대칭행렬 A의 고유치를 $\lambda_1,\ \lambda_2,\ \cdots,\ \lambda_n$라 하고 $u_1,\ u_2,\ \cdots,\ u_n$을 각 고유치에 대응하는 고유벡터라 하자. 모든 i에 대하여 $\|u_i\| = 1$이고 $i \neq j$에 대하여 $u_i^T u_j = 0$이면

$$A = \lambda_1 u_1 u_1^T + \lambda_2 u_2 u_2^T + \cdots + \lambda_n u_n u_n^T$$

을 A의 스펙트럼 분해(spectral decomposition)이라 한다.

예제 4.12 행렬 $A = \begin{pmatrix} 2 & 1 \\ 1 & 2 \end{pmatrix}$의 고유치는 $\lambda_1 = 1,\ \lambda_2 = 3$이고 대응하는 고유벡터는 각각 $v_1 = \begin{pmatrix} 1 \\ -1 \end{pmatrix},\ v_2 = \begin{pmatrix} 1 \\ 1 \end{pmatrix}$으로 직교한다.

$u_1 = \frac{1}{\sqrt{2}}\begin{pmatrix} 1 \\ -1 \end{pmatrix},\ u_2 = \frac{1}{\sqrt{2}}\begin{pmatrix} 1 \\ 1 \end{pmatrix}$로 놓으면 $\|u_1\| = \|u_2\| = 1$이고 $u_1^T u_2 = 0$이다. 따라서 A의 스펙트럼 분해는 A와 같다.

$$
\begin{aligned}
u_1u_1^T + 3u_2u_2^T &= \frac{1}{2}\begin{pmatrix} 1 \\ -1 \end{pmatrix}(1 \ -1) + \frac{3}{2}\begin{pmatrix} 1 \\ 1 \end{pmatrix}(1 \ \ 1) \\
&= \frac{1}{2}\begin{pmatrix} 1 & -1 \\ -1 & 1 \end{pmatrix} + \frac{3}{2}\begin{pmatrix} 1 & 1 \\ 1 & 1 \end{pmatrix} \\
&= \begin{pmatrix} 2 & 1 \\ 1 & 2 \end{pmatrix} = A
\end{aligned}
$$

문제 4.12 예제 4.7을 이용하여 행렬 $\begin{pmatrix} 2 & -1 & 1 \\ -1 & 1 & -2 \\ 1 & -2 & 1 \end{pmatrix}$를 스펙트럼 분해하라.

연습문제 4

01 다음 행렬의 고유치와 고유벡터를 구하라.

(1) $\begin{pmatrix} 1 & -2 \\ 1 & 4 \end{pmatrix}$ (2) $\begin{pmatrix} 3 & -2 \\ 4 & -3 \end{pmatrix}$

(3) $\begin{pmatrix} 1 & -2 \\ -2 & 4 \end{pmatrix}$ (4) $\begin{pmatrix} 1 & -1 \\ 1 & 3 \end{pmatrix}$

(5) $\begin{pmatrix} 2 & 1 \\ 0 & 2 \end{pmatrix}$ (6) $\begin{pmatrix} 2 & 4 \\ -2 & 2 \end{pmatrix}$

(7) $\begin{pmatrix} -2 & -1 \\ 5 & 2 \end{pmatrix}$ (8) $\begin{pmatrix} 1 & -1 \\ 1 & 1 \end{pmatrix}$

02 다음 행렬의 고유치와 고유벡터를 구하라.

(1) $\begin{pmatrix} 4 & -1 & 1 \\ -1 & 3 & -2 \\ 1 & -2 & 3 \end{pmatrix}$ (2) $\begin{pmatrix} 1 & 1 & 2 \\ 2 & 2 & 4 \\ 0 & 1 & 3 \end{pmatrix}$

(3) $\begin{pmatrix} 3 & -1 & 2 \\ 4 & -2 & 9 \\ 12 & -3 & 6 \end{pmatrix}$ (4) $\begin{pmatrix} 1 & 3 & -2 \\ 4 & -3 & 1 \\ 2 & 1 & 1 \end{pmatrix}$

03 문제 1과 2를 이용하여 다음 행렬의 고유치를 구하라.

(1) $\begin{pmatrix} 1 & -2 & 0 & 0 & 0 \\ 1 & 4 & 0 & 0 & 0 \\ 0 & 0 & 4 & -1 & 1 \\ 0 & 0 & -1 & 3 & -2 \\ 0 & 0 & 1 & -2 & 3 \end{pmatrix}$ (2) $\begin{pmatrix} 1 & -2 & 1 & 2 & 3 \\ -2 & 4 & 3 & 2 & 1 \\ 0 & 0 & 1 & 1 & 2 \\ 0 & 0 & 2 & 2 & 4 \\ 0 & 0 & 0 & 1 & 3 \end{pmatrix}$

(3) $\begin{pmatrix} 3 & -1 & 2 & 0 & 0 \\ 4 & -2 & 9 & 0 & 0 \\ 12 & -3 & 6 & 0 & 0 \\ 1 & 2 & 2 & 3 & -2 \\ 4 & 5 & 6 & 4 & -3 \end{pmatrix}$ (4) $\begin{pmatrix} 1 & 3 & -2 & 0 & 0 \\ 4 & -3 & 1 & 0 & 0 \\ 2 & 1 & 1 & 0 & 0 \\ 1 & 1 & 1 & 1 & -1 \\ 1 & 0 & 2 & 1 & 3 \end{pmatrix}$

04 앞 문제 3 (1)의 행렬을 A라 할 때 다음 행렬의 고유치를 구하라.

(1) A^2 (2) A^{-1}

(3) $A+2I$ (4) $(A+2I)^{-1}$

(5) $A-5I$ (6) $(A-5I)^{-1}$

(7) $(A-5I)^2$ (8) $(A^2-10I)^{-1}$

05 다음 행렬 A가 대각화가 가능한지 보이고 가능한 경우 A^3을 구하라.

(1) $\begin{pmatrix} 2 & -1 \\ -1 & 2 \end{pmatrix}$ (2) $\begin{pmatrix} 1 & 0 \\ 5 & 1 \end{pmatrix}$

(3) $\begin{pmatrix} 3 & -1 & -1 \\ -12 & 0 & 5 \\ 4 & -2 & -1 \end{pmatrix}$ (4) $\begin{pmatrix} 1 & -1 & -1 \\ 0 & 2 & 3 \\ 0 & 0 & 1 \end{pmatrix}$

06 앞 문제 5의 행렬을 스펙트럼 분해하라.

07 A와 B가 비슷한 행렬이다. 다음을 증명하라.

(1) $A+\alpha I$와 $B+\alpha I$은 비슷한 행렬이다.

(2) A^T와 B^T는 비슷한 행렬이다.

(3) A가 정칙이면 B도 정칙이고, A^{-1}와 B^{-1}도 비슷한 행렬이다.

제5장

벡터공간과 선형변환

LINEAR ALGEBRA

LINEAR ALGEBRA

제5장 벡터공간과 선형변환

제2장에서 벡터공간 R^n에 관하여 알아보았다. 이 장에서는 이것을 확대하여 일반적인 벡터공간에 대하여 정의하고 이 위에서의 선형변환에 대하여 살펴본다. 이를 위하여 다음과 같은 것을 설명한다.

- 벡터공간
- 부분공간
- 일차결합
- 생성집합
- 일차독립과 일차종속
- 기저
- 좌표
- 차원
- 내적
- 직교
- 노름
- 직교기저
- 정규직교기저
- 그람-슈미트 직교화
- 선형변환
- 합성
- 가역변환
- 역변환
- 동형사상

5.1 벡터공간과 부분공간

다음과 같이 정의 5.1의 조건을 모두 만족하는 집합을 벡터공간이라 한다.

▮정의 5.1

아래 조건을 모두 만족하는 집합 V를 스칼라 S 위에서 벡터공간(vector space over S)이라고 한다. 여기서 u, v와 w는 V에 속하는 임의의 벡터이고 α와 β는 S에 속하는 원소이다.

(1) [덧셈에 관한 닫힘] $u+v \in V$

(2) [스칼라 곱에 관한 닫힘] $\alpha u \in V$

(3) [덧셈에 관한 교환법칙] $u+v=v+u$

(4) [덧셈에 관한 결합법칙] $u+(v+w)=(u+v)+w$

(5) [덧셈에 관한 항등원] 영벡터 $\theta \in V$이 있어 $u+\theta=u$이다.

(6) [덧셈에 관한 역원] $-u \in V$가 있어 $u+(-u)=\theta$이다.

(7) [스칼라 곱에 관한 결합법칙] $\alpha(\beta u)=(\alpha\beta)u$

(8) [스칼라 곱에 관한 분배법칙] $\alpha(u+v)=\alpha u+\alpha v$

(9) [스칼라 곱에 관한 분배법칙] $(\alpha+\beta)u=\alpha u+\beta u$

(10) [스칼라 곱에 관한 항등원] $1u=u$이다.

제2장에서 설명한 R^n과 행렬의 집합인 $R^{m\times n}$은 당연히 실수 위에서 벡터공간이다. 예를 들어 A와 B가 $R^{2\times 3}$에 속한다고 하자. 그러면 영행렬 $\Theta \in R^{2\times 3}$이 있어서 $A+\Theta=A$이고 또한 $A+(-A)=\Theta$가 되고 $-A$는 당연히 $R^{2\times 3}$에 속한다. 그 외 나머지는 쉽게 증명된다. 그러므로 $R^{2\times 3}$는 R 위에서 벡터공간이 된다.

예제 5.1 n차 다항식의 집합 P_n은 실수 위에서 벡터공간이다.

풀이 n차 다항식의 집합 $P_n = \{a_n x^n + a_{n-1}x^{n-1} + \cdots + a_1 x + a_0 \mid a_i \in R\}$ 대신 편의성을 위해 $n=2$인 경우를 보이자. 이차다항식의 집합은 $P_2 = \{ax^2 + bx + c \mid a,\ b,\ c \in R\}$이다.

$\alpha \in R$이고 $p = ax^2 + bx + c$, $q = ex^2 + fx + g$라고 하자. 그러면

(1) $p + q = (a+e)x^2 + (b+f)x + (c+g) \in P_2$

(2) $\alpha p = (\alpha a)x^2 + (\alpha b)x + (\alpha c) \in P_2$

(3)과 (4)는 당연함

(5) $\theta = 0x^2 + 0x + 0 \in P_2$, $p + \theta = p$

(6) $-p = (-a)x^2 + (-b)x + (-c) \in P_2$, $p + (-p) = \theta$

(7)~(10)은 당연함

같은 방법으로 n차 다항식의 집합도 벡터공간임을 보일 수 있다. ■

문제 5.1 연속함수의 집합 $C[a,\ b] = \{f \mid f : [a,\ b] \to R$인 연속함수$\}$은 실수 위에서 벡터공간이 됨을 보여라.

《정리 5.1

V를 벡터공간이라고 하자. 그러면

(1) 영벡터 $\theta \in V$는 단 하나이다.

(2) 모든 $u \in V$에 대하여 $-u \in V$는 단 하나이다.

(3) $0v = \theta$

(4) $\alpha\theta = \theta$

(5) $\alpha v = \theta$이면 $\alpha = 0$ 또는 $v = \theta$이다.

(6) $(-1)u = -u$이다.

영벡터 θ로만 이루어진 집합 $\{\theta\}$은 당연히 모든 조건을 만족하므로 이를 영벡터공간(zero vector space)이라고 한다.

▌정의 5.2

벡터공간 V와 W에서 $W \subset V$이면 W를 V의 **부분공간(subspace)**이라 한다.

≪정리 5.2

$W \subset V$이 부분공간이기 위한 필요충분조건은 다음을 만족하는 것이다.

(1) $\theta \in W$

(2) $u,\ v \in W$이면 $u+v \in W$이다.

(3) $u \in W$이면 스칼라 α에 대하여 $\alpha u \in W$이다.

예제 5.2 $W = \left\{ \begin{pmatrix} 0 & a \\ b & 0 \end{pmatrix} \mid a,\ b \in R \right\}$은 $R^{2\times 2}$의 부분공간임을 보이자.

풀이 (1) $\begin{pmatrix} 0 & 0 \\ 0 & 0 \end{pmatrix} \in W$

(2) $a,\ b,\ c,\ d \in R$이면 $a+c,\ b+d \in R$이므로

$\begin{pmatrix} 0 & a \\ b & 0 \end{pmatrix} + \begin{pmatrix} 0 & c \\ d & 0 \end{pmatrix} = \begin{pmatrix} 0 & a+c \\ b+d & 0 \end{pmatrix} \in W$이다.

(3) $a,\ b,\ \alpha \in R$이면 $\alpha a,\ \alpha b \in R$이므로

$\alpha \begin{pmatrix} 0 & a \\ b & 0 \end{pmatrix} = \begin{pmatrix} 0 & \alpha a \\ \alpha b & 0 \end{pmatrix} \in W$이다. ■

예제 5.3 $W = \{ f \in C[a,\ b] \mid f(a) = f(b) \}$은 $C[a,\ b]$의 부분공간임을 보이자.

풀이 (1) $0(a)=0(b)=0$이므로 $0\in W$이다.

(2) $f(a)=f(b)$, $g(a)=g(b)$인 연속함수라 하자. 그러면

$$(f+g)(a)=f(a)+g(a)=f(b)+g(b)=(f+g)(b)$$

이므로 $f+g\in W$이다.

(3) $f(a)=f(b)$인 연속함수라 하자. 그러면

$$(\alpha f)(a)=\alpha f(a)=\alpha f(b)=(\alpha f)(b)$$

이므로 $\alpha f\in W$이다. ■

문제 5.2 $W=\{\begin{pmatrix} a & c \\ c & b \end{pmatrix} \mid a,\ b,\ c\in R\}$은 $R^{2\times 2}$의 부분공간임을 보여라.

문제 5.3 $W=\{\begin{pmatrix} a & b \\ c & d \end{pmatrix} \mid ad=0,\ bc=0\}$은 $R^{2\times 2}$의 부분공간인지 아닌지 설명하라.

▌정의 5.3

적당한 스칼라 $c_1,\ c_2,\ \cdots,\ c_r$가 있어 $v=c_1v_1+c_2v_2+\cdots+c_rv_r$이면 v를 $\{v_1,\ v_2,\ \cdots,\ v_r\}$의 일차결합(linear combination)이라 한다. 일차결합의 집합을 $\text{span}\{v_1,\ v_2,\ \cdots,\ v_r\}$이라 한다.

예를 들면, 임의의 이차 행렬 $\begin{pmatrix} a & b \\ c & d \end{pmatrix}$은 $E_{11}=\begin{pmatrix} 1 & 0 \\ 0 & 0 \end{pmatrix}$, $E_{12}=\begin{pmatrix} 0 & 1 \\ 0 & 0 \end{pmatrix}$, $E_{21}=\begin{pmatrix} 0 & 0 \\ 1 & 0 \end{pmatrix}$, $E_{22}=\begin{pmatrix} 0 & 0 \\ 0 & 1 \end{pmatrix}$로 정의하면 $\begin{pmatrix} a & b \\ c & d \end{pmatrix}=aE_{11}+bE_{12}+cE_{21}+dE_{22}$이 되어 $\{E_{11},\ E_{12},\ E_{21},\ E_{22}\}$의 일차결합으로 표시된다. 또한 n차 다항식 $p_n=a_nx^n+a_{n-1}x^{n-1}+\cdots+a_1x+a_0$은 $\{1,\ x,\ x^2,\ \cdots,\ x^n\}$의 일차결합이다.

예제 5.4 $p(x)=2x^2-1$를 $p_1(x)=-2x^2+2x+1$, $p_2(x)=-x-1$, $p_3(x)=4x^2-4x-3$의 일차결합으로 나타내보자.

풀이 $p(x)=ap_1(x)+bp_2(x)+cp_3(x)$라고 하면

$$\begin{aligned} a_1-a_2-3a_3&=-1\\ 2a_1-a_2-4a_3&=0\\ -2a_1+4a_3&=2 \end{aligned}$$

이다. 이 방정식의 해는 $a_1=-3$, $a_2=-2$, $a_3=2$이므로

$$p(x)=-3p_1(x)-2p_2(x)+2p_3(x)$$

이다. ■

문제 5.4 $u_1=\begin{pmatrix}1\\0\\0\end{pmatrix}$, $u_2=\begin{pmatrix}1\\1\\0\end{pmatrix}$, $u_3=\begin{pmatrix}1\\1\\1\end{pmatrix}$이다. $\begin{pmatrix}1\\2\\3\end{pmatrix}$을 $\{u_1, u_2, u_3\}$의 일차결합으로 나타내라.

임의의 벡터 $v_1, v_2, \cdots, v_r \in V$에 대하여

$$\mathrm{span}\{v_1, v_2, \cdots, v_r\} \subset V$$

이다.

《 정리 5.3

$W=\{v_1, v_2, \cdots, v_r\} \subset V$이다. W에 의해 생성된 공간

$$\begin{aligned} \mathrm{span}(W)&=\{v \mid v=c_1v_1+c_2v_2+\cdots+c_rv_r\}\\ &=\{c_1v_1+c_2v_{22}+\cdots c_rv_r \mid c_1, c_2, \cdots, c_r \in S\} \end{aligned}$$

은 V의 부분공간이다.

❚ 정의 5.4

벡터공간 V에 포함되는 $W=\{v_1,\ v_2,\ \cdots,\ v_r\}$가 있어서, 만일 모든 $v \in V$에 대하여 v가 $\{v_1,\ v_2,\ \cdots,\ v_r\}$의 일차결합으로 이루어진다면 W를 V의 생성집합(spanning set)이라고 한다. 이때 $V=\text{span}\{W\}$로 나타낸다.

$\text{span}\, W \subset V$이고 W가 생성집합이면 정의 5.4에 의하여 $V \subset \text{span}\, W$이므로

$$V \subset \text{span}\, W$$

이다.

예제 5.5 $E_{11}=\begin{pmatrix}1 & 0\\ 0 & 0\end{pmatrix}$, $E_{12}=\begin{pmatrix}0 & 1\\ 0 & 0\end{pmatrix}$, $E_{21}=\begin{pmatrix}0 & 0\\ 1 & 0\end{pmatrix}$, $E_{22}=\begin{pmatrix}0 & 0\\ 0 & 1\end{pmatrix}$

(1) $\begin{pmatrix}a & b\\ c & d\end{pmatrix}=aE_{11}+bE_{12}+cE_{21}+dE_{22}$이므로

$W=\{E_{11},\ E_{12},\ E_{21},\ E_{22}\}$은 $R^{2\times 2}$의 생성집합이다.

(2) $\text{span}\{E_{11},\ E_{12},\ E_{21},\ E_{22}\}=R^{2\times 2}$

(3) $\text{span}\{E_{11},\ E_{22}\} \subset R^{2\times 2}$은 대각행렬의 집합이다.

(4) $\text{span}\{E_{11},\ E_{12},\ E_{22}\} \subset R^{2\times 2}$은 위삼각행렬의 집합이다.

문제 5.5 다음 집합의 생성집합을 구하라.

(1) $\{\begin{pmatrix}0 & b\\ c & 0\end{pmatrix} \mid b,\ c \in R\}$

(2) $\{\begin{pmatrix}0 & b\\ c & d\end{pmatrix} \mid b,\ c,\ d \in R\}$

(3) $\{p(x) \mid p(x)=a+bx+cx^2 \mid c=-b+2a\}$

5.2 기저와 좌표

▌정의 5.5

V는 벡터공간이고 $\{x_1, x_2, \cdots, x_n\} \subset V$이다. 이 벡터의 일차결합이 영벡터 θ이면 모든 계수가 0일 때, 즉

$$\alpha_1 x_1 + \alpha_2 x_2 + \cdots + \alpha_n x_n = \theta \Rightarrow \alpha_1 = \cdots = \alpha_n = 0$$

이면, 벡터 $x_1, x_2, \cdots, x_n$을 **일차독립(linearly independent)**이라고 한다. 적어도 하나는 0이 아닌 상수 α_i가 존재하여, $\alpha_1 x_1 + \alpha_2 x_2 + \cdots + \alpha_n x_n = \theta$이면 벡터 $x_1, x_2, \cdots, x_n$을 **일차종속(linearly dependent)**이라고 한다.

예제 5.6 (1) $E_{11} = \begin{pmatrix} 1 & 0 \\ 0 & 0 \end{pmatrix}$, $E_{12} = \begin{pmatrix} 0 & 1 \\ 0 & 0 \end{pmatrix}$, $E_{21} = \begin{pmatrix} 0 & 0 \\ 1 & 0 \end{pmatrix}$, $E_{22} = \begin{pmatrix} 0 & 0 \\ 0 & 1 \end{pmatrix}$ 에서 $aE_{11} + bE_{12} + cE_{21} + dE_{22} = \begin{pmatrix} 0 & 0 \\ 0 & 0 \end{pmatrix}$라 하면 $a = b = c = d = 0$이므로 $\{E_{11}, E_{12}, E_{21}, E_{22}\}$은 일차독립이다.

(2) $p_1(x) = -2x^2 + 2x + 1$, $p_2(x) = -x - 1$, $p_3(x) = 4x^2 - 4x - 3$에서 $ap_1(x) + bp_2(x) + cp_3(x) = 0$라고 하면

$$\begin{aligned} a_1 - a_2 - 3a_3 &= 0 \\ 2a_1 - a_2 - 4a_3 &= 0 \\ -2a_1 + 4a_3 &= 0 \end{aligned}$$

이다. 이 방정식의 해는 $a_1 = a_2 = a_3 = 0$이므로 $\{p_1, p_2, p_3\}$은 일차독립이다.

문제 5.6 다음이 일차독립인지 일차종속인지 밝혀라.

(1) $\{1,\ x,\ x^2,\ x^3\}$ (2) $\{\sqrt{x},\ 1/x,\ x^2\}$

(3) $\{1,\ \sin x\}$ (4) $\{1,\ \sin x,\ \cos x\}$

정의 5.6

$B=\{v_1,\ v_2,\ \cdots,\ v_n\}$는 벡터공간 V의 생성집합이다. 만일 B가 일차독립이면 B를 V의 기저(basis)라 한다.

예제 5.7 (1) $E_{11}=\begin{pmatrix}1 & 0\\0 & 0\end{pmatrix}$, $E_{12}=\begin{pmatrix}0 & 1\\0 & 0\end{pmatrix}$, $E_{21}=\begin{pmatrix}0 & 0\\1 & 0\end{pmatrix}$, $E_{22}=\begin{pmatrix}0 & 0\\0 & 1\end{pmatrix}$ 에서 $\{E_{11},\ E_{12},\ E_{21},\ E_{22}\}$은 일차독립이므로 $\{E_{11},\ E_{12},\ E_{21},\ E_{22}\}$은 $R^{2\times 2}$의 기저이다.

(2) $p_1(x)=-2x^2+2x+1$, $p_2(x)=-x-1$, $p_3(x)=4x^2-4x-3$에서 $\{p_1,\ p_2,\ p_3\}$은 일차독립이므로 $\{p_1,\ p_2,\ p_3\}$은 이차다항식 $P_2=\{a+bx+cx^2 \mid a,\ b,\ c\in R\}$의 기저이다.

문제 5.7 $W=\left\{\begin{pmatrix}a & a+b\\a-b & b\end{pmatrix} \mid a,\ b\in R\right\}$은 $R^{2\times 2}$의 부분공간임을 보이고 기저를 구하라.

≪정리 5.4

V는 벡터공간이고 $B=\{v_1,\ v_2,\ \cdots,\ v_n\}$는 V의 기저이다. 그러면 임의의 벡터 $v\in V$에 대하여

$$v=a_1v_1+a_2v_2+\cdots+a_nv_n$$

을 만족하는 스칼라 $a_1,\ a_2,\ \cdots,\ a_n$이 단 하나 존재한다.

증명 B는 V의 기저이므로 임의의 벡터 $v \in V$는 $\{v_1, v_2, \cdots, v_n\}$의 일차결합으로 나타낼 수 있다. $v = a_1v_1 + a_2v_2 + \cdots + a_nv_n = b_1v_1 + b_2v_2 + \cdots + b_nv_n$라 하자. 그러면

$$(a_1 - b_1)v_1 + (a_2 - b_2)v_2 + \cdots + (a_n - b_n)v_n = 0$$

이다. $\{v_1, \cdots, v_n\}$이 일차독립이므로

$$a_1 - b_1 = 0,\ a_2 - b_2 = 0,\ \cdots,\ a_n - b_n = 0$$

이다. 따라서 유일하게 표현된다. ■

▌정의 5.7

$B = \{v_1, v_2, \cdots, v_n\}$는 벡터공간 V의 기저이다. 벡터 $v \in V$가

$$v = a_1v_1 + a_2v_2 + \cdots + a_nv_n$$

으로 나타나면 $(a_1, a_2, \cdots, a_n)$를 B에 관한 v의 **좌표**(coordinate)라 하고 $[v]_B = (a_1, a_2, \cdots, a_n)$로 나타낸다. 편의에 따라 열벡터 $\begin{pmatrix} a_1 \\ a_2 \\ \vdots \\ a_n \end{pmatrix}$으로도 나타낸다.

$B = \{v_1, v_2, \cdots, v_n\}$에 관한 v의 좌표 $(a_1, a_2, \cdots, a_n)$은 기저의 순서에 따라 달라진다. 예를 들어 표준단위벡터 e_1, e_2, e_3에 대하여 $v_1 = e_2$, $v_2 = e_3$, $v_3 = e_1$이라 하자. $S = \{e_1, e_2, e_3\}$이고 $B = \{v_1, v_2, v_3\}$라고 하면

$$v = \begin{pmatrix} 2 \\ 5 \\ 7 \end{pmatrix} = 2e_1 + 5e_2 + 7e_3 = 5v_1 + 7v_2 + 2v_3$$

이다. 따라서 S에 관한 v의 좌표 $[v]_S$는 $(2, 5, 7)$이나 B에 관한 v의 좌표 $[v]_B$

는 (5, 7, 2)이다.

따라서 좌표는 기저의 순서에 따라 달라지므로 기저를 <u>순서기저</u>(orderd basis)라고도 한다.

예제 5.8 $E_{11}=\begin{pmatrix}1 & 0\\0 & 0\end{pmatrix}$, $E_{12}=\begin{pmatrix}0 & 1\\0 & 0\end{pmatrix}$, $E_{21}=\begin{pmatrix}0 & 0\\1 & 0\end{pmatrix}$, $E_{22}=\begin{pmatrix}0 & 0\\0 & 1\end{pmatrix}$은 $R^{2\times 2}$의 기저이다. $S=\{E_{11},\ E_{12},\ E_{21},\ E_{22}\}$이고 $B=\{E_{22},\ E_{21},\ E_{12},\ E_{11}\}$라 하자. 그러면

$$
\begin{aligned}
A=\begin{pmatrix}1 & 2\\3 & 4\end{pmatrix} &= E_{11}+2E_{12}+3E_{21}+4E_{22}\\
&= 4E_{22}+3E_{21}+2E_{12}+E_{11}
\end{aligned}
$$

이다. 따라서 $[A]_S=(1,\ 2,\ 3,\ 4)$이고 $[A]_B=(4,\ 3,\ 2,\ 1)$이다.

문제 5.8 $p_1(x)=-2x^2+2x+1$, $p_2(x)=-x-1$, $p_3(x)=4x^2-4x-3$은 이차다항식 공간 P_2의 기저이다. $S=\{p_1,\ p_2,\ p_3\}$이고 $B=\{p_2,\ p_3,\ p_1\}$라 할 때 $p(x)=2x^2-1$의 좌표 $[p]_S$와 $[p]_B$를 구하라.

직교좌표에서 $(1,\ 2,\ 3)+(2,\ 3,\ 1)=(4,\ 5,\ 4)$이고 $2(1,\ 2,\ 3)=(2,\ 4,\ 6)$인 것처럼 다음 정리가 성립한다.

≪정리 5.5

$B=\{v_1,\ v_2,\ \cdots,\ v_n\}$는 벡터공간 V의 기저이다. $u,\ v\in V$이고 α가 스칼라이면 다음이 성립한다.

$$[u+v]_B=[u]_B+[v]_B,\quad [\alpha u]_B=\alpha[u]_B$$

증명 $u=a_1v_1+a_2v_2+\cdots+a_nv_n$이고 $v=b_1v_1+b_2v_2+\cdots+b_nv_n$이라 하자. 그러면

$$u+v=(a_1+b_1)v_1+(a_2+b_2)v_2+\cdots+(a_n+b_n)v_n$$
$$\alpha u=(\alpha a_1)v_1+(\alpha a_2)v_2+\cdots+(\alpha a_n)v_n$$

이므로 $[u+v]_B=[u]_B+[v]_B$, $[\alpha u]_B=\alpha[u]_B$이다. ■

예를 들어 $B=\{x^2,\ x,\ 1\}$은 P_2의 표준기저이다. $p(x)=-2x^2+2x+1$와 $q(x)=4x^2-4x-3$의 좌표는 $[p]_B=(-2,\ 2,\ 1)$이고 $[q]_B=(4,\ -4,\ -3)$이다.

$$(p+q)(x)=2x^2-2x-2 \text{이고 } 3p(x)=(-6a)x^2+6x+3$$

이므로 $[p+q]_B=(2,\ -2,\ -2)$이고 $[3p]_B=(-6,\ 6,\ 3)$이다.

일반적으로 $B=\{v_1,\ v_2,\ \cdots,\ v_n\}$는 벡터공간 V의 기저이고 $\{u_1,\ u_2,\ \cdots,\ u_m\}\subset V$라 하자. 그러면

$$[c_1u_1+c_2u_2+\cdots+c_mu_m]_B=c_1[u_1]_B+c_2[u_2]_B+\cdots+c_m[u_m]_B$$

이다.

편의상 좌표 $[u]_B$을 열벡터로 나타낸다.

《 정리 5.6

$B=\{v_1,\ v_2,\ \cdots,\ v_n\}$는 벡터공간 V의 기저이고 $S=\{u_1,\ u_2,\ \cdots,\ u_m\}\subset V$이다. $T=\{[u_1]_B,\ [u_2]_B,\ \cdots,\ [u_m]_B\}$이라 하면

(1) $u\in \text{span}(S)$이기 위한 필요충분조건은 $[u]_B\in \text{span}(T)$이다.

(2) S가 V에서 일차독립이기 위한 필요충분조건은 T가 R^n에서 일차독립이다.

증명 (1) $u \in \text{span}(S)$라고 하자. 즉 $u = x_1u_1 + x_2u_2 + \cdots + x_mu_m$이다. 따라서

$$\begin{aligned} [u]_B &= [x_1u_1 + x_2u_2 + \cdots + x_mu_m]_B \\ &= x_1[u_1]_B + x_2[u_2]_B + \cdots + x_m[u_m]_B \end{aligned}$$

이므로 $[u]_B \in \text{span}(T)$이다. 마찬가지로 역도 성립한다.

(2) V의 영벡터 θ_V에 대하여 $\theta_V = x_1u_1 + x_2u_2 + \cdots + x_mu_m$라 하자. 그러면 $[\theta_V]_B = \theta_m$이다. 여기서 θ_m은 R^m에서 영벡터이다. 따라서

$$\theta_m = x_1[u_1]_B + x_2[u_2]_B + \cdots + x_m[u_m]_B$$

이므로 성립한다. ■

≪정리 5.7

$B = \{v_1, v_2, \cdots, v_n\}$는 벡터공간 V의 기저이다.

$S = \{u_1, u_2, \cdots, u_m\} \subset V$이고 $T = \{[u_1]_B, [u_2]_B, \cdots, [u_m]_B\}$라 하자.

그러면 S가 V의 기저이기 위한 필요충분조건은 T가 R^n의 기저이다.

예를 들어 $B = \{1, x, x^2\}$이고 $S = \{1, 1+x, 1+2x+x^2\}$라 하자. 그러면 B는 P_2의 기저이고

$$[1]_B = \begin{pmatrix}1\\0\\0\end{pmatrix},\ [1+x]_B = \begin{pmatrix}1\\1\\0\end{pmatrix},\ [1+2x+x^2]_B = \begin{pmatrix}1\\2\\1\end{pmatrix}$$

이다. $\left\{\begin{pmatrix}1\\0\\0\end{pmatrix}, \begin{pmatrix}1\\1\\0\end{pmatrix}, \begin{pmatrix}1\\2\\1\end{pmatrix}\right\}$은 당연히 일차독립이고 $\dim(R^3) = 3$이므로 R^3의 기저가 된다. 따라서 $S = \{1, 1+x, 1+2x+x^2\}$은 P_2의 기저가 된다.

예제 5.9 $A_1 = \begin{pmatrix} 1 & 2 \\ -1 & 3 \end{pmatrix}$, $A_2 = \begin{pmatrix} 0 & -1 \\ 1 & 4 \end{pmatrix}$, $A_3 = \begin{pmatrix} -1 & 0 \\ 1 & -10 \end{pmatrix}$, $A_4 = \begin{pmatrix} 3 & 7 \\ -2 & 6 \end{pmatrix}$ 이고 $S = \{A_1, A_2, A_3, A_4\}$라고 할 때 span$(S)$의 기저를 구하여 보자.

풀이 $E_{11} = \begin{pmatrix} 1 & 0 \\ 0 & 0 \end{pmatrix}$, $E_{12} = \begin{pmatrix} 0 & 1 \\ 0 & 0 \end{pmatrix}$, $E_{21} = \begin{pmatrix} 0 & 0 \\ 1 & 0 \end{pmatrix}$, $E_{22} = \begin{pmatrix} 0 & 0 \\ 0 & 1 \end{pmatrix}$이고 $B = \{E_{11}, E_{12}, E_{21}, E_{22}\}$라 하자. 그러면

$$[A_1]_B = \begin{pmatrix} 1 \\ 2 \\ -1 \\ 3 \end{pmatrix}, \ [A_2]_B = \begin{pmatrix} 0 \\ -1 \\ 1 \\ 4 \end{pmatrix},$$

$$[A_3]_B = \begin{pmatrix} -1 \\ 0 \\ 1 \\ -10 \end{pmatrix}, \ [A_4]_B = \begin{pmatrix} 3 \\ 7 \\ -2 \\ 6 \end{pmatrix}$$

이다. $T = \{[A_1]_B, [A_2]_B, [A_3]_B, [A_4]_B\}$라 하자.
그러면 $C = ([A_1]_B, [A_2]_B, [A_3]_B, [A_4]_B)$로 놓으면

$$C^T = \begin{pmatrix} 1 & 2 & -1 & 3 \\ 0 & -1 & 1 & 4 \\ -1 & 0 & 1 & -10 \\ 3 & 7 & -2 & 6 \end{pmatrix} \Rightarrow \begin{pmatrix} 1 & 2 & -1 & 3 \\ 0 & -1 & 1 & 4 \\ 0 & 0 & 2 & 1 \\ 0 & 0 & 0 & 0 \end{pmatrix} = D^T$$

이므로 C의 열공간과 D의 열공간은 같다.

따라서 $w_1 = \begin{pmatrix} 1 \\ 2 \\ -1 \\ 3 \end{pmatrix}$, $w_2 = \begin{pmatrix} 0 \\ -1 \\ 1 \\ 4 \end{pmatrix}$, $w_3 = \begin{pmatrix} 0 \\ 0 \\ 2 \\ 1 \end{pmatrix}$이라고 하면 $\{w_1, w_2, w_3\}$은 span(T)의 기저이다. w_1는 어떤 벡터 B_1의 B에 대한 좌표이므로 $[B_1]_B = w_1$에서 $B_1 = E_{11} + 2E_{12} - E_{21} + 3E_{22}$이고 같은 방법으로 $[B_2]_B = w_2$, $[B_3]_B = w_3$인 행렬 B_2, B_3는 다음과 같다.

$$B_1 = \begin{pmatrix} 1 & 2 \\ -1 & 3 \end{pmatrix},\ B_2 = \begin{pmatrix} 0 & -1 \\ -1 & 4 \end{pmatrix},\ B_3 = \begin{pmatrix} 0 & 0 \\ 2 & 1 \end{pmatrix}$$

이 $\{B_1, B_2, B_3\}$가 $\text{span}(S)$의 기저이다. ■

문제 5.9 $S = \{p_1, p_2, p_3, p_4\} \subset P_3$이고, 여기서 $p_1(x) = 3x^3 + 2x + 4$, $p_2(x) = x^3 - x^2 + 5x + 1$, $p_3(x) = x + 3$, $p_4(x) = x^3 - x + 2$이다. S는 P_3의 기저가 됨을 보여라.

5.3 벡터공간의 차원과 내적

≪ 정리 5.8

$B = \{v_1, v_2, \cdots, v_n\}$는 벡터공간 V의 기저이다. 그러면 V의 어떠한 $n+1$개 이상의 벡터도 일차종속이다.

≪ 정리 5.9

$B = \{v_1, v_2, \cdots, v_n\}$는 벡터공간 V의 기저이다.
만일 $S = \{u_1, u_2, \cdots, u_m\}$이 V의 다른 기저이면 $m = n$이다.

▌정의 5.8

$B = \{v_1, v_2, \cdots, v_n\}$가 벡터공간 V의 기저이면 V의 차원(dimension)은 n이라 하고 $\dim(V) = n$으로 나타낸다. 만일 유한개의 벡터로 V의 기저가 될 수 없으면 V는 무한차원의 벡터공간이라 한다.

크기가 n인 벡터로 구성된 R^n은 $\{e_1, e_2, \cdots, e_n\}$이 기저이므로 n차원이고 m행 n열 행렬로 구성된 $R^{m\times n}$은 $\{E_{ij} \mid 1 \le i \le m, 1 \le j \le n\}$이 기저이므로 차원은 mn이다. 여기서 E_{ij}는 (i, j) 성분만 1이고 나머지는 모두 0인 행렬이다. 또한 n차 다항식으로 이루어진 P_n은 $\{1, x, x^2, \cdots, x^n\}$이 기저이므로 차원은 $n+1$이다. 즉

$$\dim(R^3)=3,\ \dim(R^{2\times 3})=6,\ \dim(P_3)=4$$

이다. 따라서 R^n이나 $R^{m\times n}$ 그리고 P_n은 유한차원의 공간이다.

그러나 구간 $[a, b]$ 위에서 연속함수들의 집합인 $C[a, b]$의 차원은 유한이 아니다. 왜냐하면 임의의 n에 대하여 $P_n \subset C[a, b]$이므로 $C[a, b]$의 차원은 모든 n보다 크다. 따라서 $C[a, b]$은 무한차원의 벡터공간이다.

예제 5.10 $W=\left\{\begin{pmatrix} a & b \\ c & d \end{pmatrix} \mid 2a-b+3c+d=0\right\}$의 차원을 구하여 보자.

풀이 $b=2a+3c+d$이므로 a, c, d만 독립변수이다. $a=1,\ c=0,\ d=0,\ a=0,\ c=1,\ d=0$ 그리고 $a=0,\ c=0,\ d=1$라 놓으면 각각의 경우 $b=2, 3, 1$이다. 따라서

$$A_1=\begin{pmatrix} 1 & 2 \\ 0 & 0 \end{pmatrix},\ A_2=\begin{pmatrix} 0 & 3 \\ 1 & 0 \end{pmatrix},\ A_3=\begin{pmatrix} 0 & 1 \\ 0 & 1 \end{pmatrix} \in W$$

이고, 임의의 $A=\begin{pmatrix} a & b \\ c & d \end{pmatrix} \in W$에 대하여 $b=2a+3c+d$이므로 $A=aA_1+cA_2+dA_3$이다. 따라서 $\mathrm{span}\{A_1, A_2, A_3\}=W$이다. 또한 $aA_1+cA_2+dA_3=0$라고 하면 $\begin{pmatrix} a & b \\ c & d \end{pmatrix}=0$이므로 $a=c=d=0$이다. 그러므로 일차독립이다. 그러므로 $\dim(W)=3$이다. ■

문제 5.10 $W = \{ \begin{pmatrix} a & b \\ c & d \end{pmatrix} \mid a - b + c = 0 \}$ 의 차원을 구하라.

≪정리 5.10

V를 n차원 벡터공간이라고 하자. 그러면 다음이 성립한다.

(1) V에 속하는 어떠한 $n+1$개의 벡터도 일차종속이다.

(2) V에 속하는 어떠한 일차독립인 n개의 벡터도 기저이다.

≪정리 5.11

V를 n차원 벡터공간이라고 하자. 그러면 다음이 성립한다.

(1) V를 생성하는 집합에 속하는 벡터는 적어도 n개이다.

(2) V를 생성하는 어떠한 n개의 벡터도 기저이다.

$V = R^{2 \times 2}$이고

$$A_1 = \begin{pmatrix} 1 & 0 \\ -1 & 0 \end{pmatrix},\ A_2 = \begin{pmatrix} 0 & 1 \\ 2 & 0 \end{pmatrix},\ A_3 = \begin{pmatrix} 0 & 0 \\ -1 & 3 \end{pmatrix},\ A_4 = \begin{pmatrix} 1 & 0 \\ -1 & 1 \end{pmatrix},\ A_5 = \begin{pmatrix} 2 & 1 \\ 3 & 1 \end{pmatrix}$$

라고 하자. 이중 4개보다 적은 어떠한 수의 벡터로도 V를 생성할 수 없고, 또한 4개 보다 많은 5개의 벡터는 일차독립이 될 수 없다. 오직 일차독립인 4개만의 벡터, 예를 들어 $\{A_1, A_2, A_3, A_4\}$은 V의 기저가 된다.

벡터 $u = (u_1, u_2, \cdots, u_n)^T$, $v = (v_1, v_2, \cdots, v_n)^T$가 있을 때 두 벡터의 내적

$$u^T v = u_1 v_1 + u_2 v_2 + \cdots + u_n v_n = 0$$

이면, 두 벡터는 직교하며 $u \perp v$라고 나타냈었다.

▌정의 5.9

V를 벡터공간이라고 하자. 이변수함수 $\langle \cdot, \cdot \rangle: V\times V\to R$이 다음 조건을 만족하면 $\langle \cdot, \cdot \rangle$을 V 위에서 내적(inner product)이라고 한다. 이때 $(V, \langle , \rangle)$를 내적공간(inner product space)라고 한다. $u, v, w\in V$와 스칼라 α에 대하여

(1) $\langle u, u\rangle \geq 0$

(2) $u=\theta \Leftrightarrow \langle u, u\rangle=0$

(3) $\langle u, v\rangle=\langle v, u\rangle$

(4) $\langle \alpha u, v\rangle=\alpha\langle u, v\rangle$

(5) $\langle u, v+w\rangle=\langle u, v\rangle+\langle u, w\rangle$

$V=R^n$이라고 하면 $\langle u, v\rangle=u^Tv$라고 정의하면 V 위에서 내적이 된다.

예제 5.11 $A=\begin{pmatrix} 4 & -1 \\ -2 & 4 \end{pmatrix}$라고 하자. 그러면 $\langle x, y\rangle=x^TAy$은 R^2 위에서 내적이 된다.

풀이 (1) $x\in R^2$에 대하여

$$\langle x, x\rangle \geq x^TAx=(x_1\ \ x_2)\begin{pmatrix} 4 & -1 \\ -3 & 4 \end{pmatrix}\begin{pmatrix} x_1 \\ x_2 \end{pmatrix}$$

$$=4x_1^2-4x_1x_2+4x_2^2=(2x_1-x_2)^2+3x_2^2>0$$

(2)~(5)는 A의 선형성질로부터 당연하다. ■

$f, g\in C[a, b]$에 대하여

$$\langle f, g\rangle=\int_a^b f(x)g(x)dx$$

라고 정의하자. 그러면

(1) $a < b$이고 $(f(x))^2 \geq 0$이므로 $\langle f, f \rangle = \int_a^b (f(x))^2 \omega(x) dx \geq 0$

(2) $f = 0$이면 $\langle f, f \rangle = \int_a^b 0 dx = 0$이다.

역으로 $\langle f, f \rangle = \int_a^b (f(x))^2 dx = 0$이면 $a \neq b$이고 $(f(x))^2 \geq 0$이므로 $(f(x))^2$은 $[a, b]$ 위에서 0이고 따라서 $f(x) = 0$이다.

(3) 모든 $f, g \in C[a, b]$에 대하여 다음이 성립한다.

$$\begin{aligned}\langle f, g \rangle &= \int_a^b f(x) g(x) dx \\ &= \int_a^b g(x) f(x) dx = \langle g, f \rangle\end{aligned}$$

(4) 모든 $f, g \in C[a, b]$와 상수 α에 대하여 다음이 성립한다.

$$\begin{aligned}\langle \alpha f, g \rangle &= \int_a^b (\alpha f(x)) g(x) dx \\ &= \alpha \int_a^b f(x) g(x) dx = \alpha \langle f, g \rangle\end{aligned}$$

(5) 적분은 결합법칙이 성립하므로 모든 $f, g, h \in C[a, b]$에 대하여 다음이 성립한다.

$$\begin{aligned}\langle f, g+h \rangle &= \int_a^b f(x)(g(x)+h(x)) dx \\ &= \int_a^b f(x) g(x) dx + \int_a^b f(x) h(x) dx \\ &= \langle f, g \rangle + \langle f, h \rangle\end{aligned}$$

정의 5.9의 조건을 모두 만족하므로 $\langle f, g \rangle$은 $C[a, b]$ 위에서 내적이다. 그러므로 $(C[a, b], \langle , \rangle)$은 내적공간이 된다.

문제 5.11 $A=\begin{pmatrix}3 & 2\\ 2 & 4\end{pmatrix}$라고 하자. $\langle x,\ y\rangle = x^TAy$은 R^2 위에서 내적이 됨을 보여라.

R^n 위에서 $\langle u,\ v\rangle = u^Tv$로 정의하면 내적이 되는 조건 모두를 만족한다. $v^Tu=0$이면 벡터 $u,\ v$는 직교한다고 하는 것과 마찬가지로 벡터공간 위에서도 직교벡터를 정의할 수 있다.

▌정의 5.10

V는 벡터공간이다. $u,\ v\in V$에 대하여 $\langle u,\ v\rangle = 0$이면 $u,\ v$는 직교(orthogonal)한다 하고 $u\perp v$로 나타낸다. $\langle u,\ v\rangle$가 내적이면 $\|u\| = \sqrt{\langle u,\ u\rangle}$을 u의 노름이라 한다.

▌정의 5.11

V는 벡터공간이고 $B=\{v_1,\ v_2,\ \cdots,\ v_n\}$를 기저라고 하자. 모든 $i\neq j$에 대하여 $\langle v_i,\ v_j\rangle = 0$이면 B를 직교기저(orthogonal basis)라 한다. 특히 $\|v_i\| = 1,\ i=1,\ \cdots,\ n$이면 정규직교기저(orthonormal basis)라 한다.

예제 5.12 내적 $\langle f,\ g\rangle = \int_{-1}^{1} f(x)g(x)dx$에 대하여 다항식 $p_0(x)=1$, $p_1(x)=x$의 노름은

$$\|p_0\| = \sqrt{\int_{-1}^{1} dx} = \sqrt{2},\ \|p_1\| = \sqrt{\int_{-1}^{1} x^2dx} = \sqrt{\frac{2}{3}}$$

이고 $\langle p_0,\ p_1\rangle = \int_{-1}^{1} p_0(x)p_1(x)\,dx = \int_{-1}^{1} x\,dx = 0$이다. 따

라서 $\{1,\ x\}$는 P_1의 직교기저이다.

$$q_0 = \frac{p_0}{\|p_0\|} = \frac{1}{\sqrt{2}},\quad q_1 = \frac{p_1}{\|p_1\|} = \sqrt{\frac{3}{2}}\,x$$

라고 정의하면 $\left\{\frac{1}{\sqrt{2}},\ \sqrt{\frac{3}{2}}\,x\right\}$은 P_1의 정규직교기저이다.

문제 5.12 내적 $\langle f,\ g\rangle = \int_{-1}^{1} f(x)g(x)dx$에 대하여 다음 함수는 정규직교임을 보여라.

$$p_0(x) = \frac{1}{\sqrt{2}},\quad p_1(x) = \sqrt{\frac{3}{2}}\,x,\quad p_2(x) = \sqrt{\frac{45}{8}}\left(x^2 - \frac{1}{3}\right)$$

≪정리 5.12

$B = \{v_1,\ v_2,\ \cdots,\ v_n\}$를 내적공간 V의 직교기저라고 하자. 그러면 모든 $u \in V$는 다음과 같이 나타난다.

$$u = \frac{\langle u,\ v_1\rangle}{\langle v_1,\ v_1\rangle}v_1 + \frac{\langle u,\ v_2\rangle}{\langle v_2,\ v_2\rangle}v_2 + \cdots + \frac{\langle u,\ v_n\rangle}{\langle v_n,\ v_n\rangle}v_n$$

≪정리 5.13 그람-슈미트 직교화(Gram-Schmidt Orthogonalization)

$\{u_1,\ u_2,\ \cdots,\ u_n\}$를 내적공간 V의 기저라고 하자. $v_1 = u_1$이라 하고 $2 \le k \le n$에 대하여

$$v_k = u_k - \sum_{j=1}^{k-1}\frac{\langle u_k,\ v_j\rangle}{\langle v_j,\ v_j\rangle}v_j$$

라고 정의하면 $\{v_1,\ v_2,\ \cdots,\ v_n\}$은 내적공간 V의 직교기저가 된다.

예제 5.13 $\{1, x, x^2\}$로부터 $\langle f, g\rangle = \int_{-1}^{1} f(x)g(x)dx$에 관한 직교다항식 $p_0(x)$, $p_1(x)$, $p_2(x)$를 구하여 보자.

풀이 $p_0(x) = 1$, $\langle p_0, p_0\rangle = \int_{-1}^{1} dx = 2$

$$p_1(x) = x - \frac{\langle x, p_0\rangle}{\langle p_0, p_0\rangle} p_0(x) = x - \frac{1}{2}\int_{-1}^{1} x dx = x,$$

$$\langle p_1, p_1\rangle = \int_{-1}^{1} x^2 dx = \frac{2}{3}$$

$$\begin{aligned} p_2(x) &= x^2 - \frac{\langle x^2, p_0\rangle}{\langle p_0, p_0\rangle} p_0(x) - \frac{\langle x^2, p_1\rangle}{\langle p_1, p_1\rangle} p_1(x) \\ &= x^2 - \frac{1}{2}\int_{-1}^{1} x^2 dx - \frac{3}{2}\int_{-1}^{1} x^3 dx = x^2 - \frac{1}{3} \end{aligned}$$

따라서 $p_0(x) = 1$, $p_1(x) = x$, $p_2(x) = x^2 - \frac{1}{3}$이다. ■

문제 5.13 (1) $\{1, x, x^2\}$로부터 $\langle f, g\rangle = \int_{0}^{1} f(x)g(x)dx$에 관한 직교다항식 $p_0(x)$, $p_1(x)$, $p_2(x)$를 구하라.

(2) $\{1, x, x^2\}$로부터 $\langle f, g\rangle = \int_{0}^{\infty} f(x)g(x)e^{-x}dx$에 관한 직교다항식 $p_0(x)$, $p_1(x)$, $p_2(x)$를 구하여라.

내적을 이용하면 주어진 연속함수와 가장 가까운 n차 다항식을 구할 수 있다. 함수와 함수가 가깝다는 것은 두 함수의 차의 노름이 작음을 뜻한다. 다음 정리들은 연속함수에 가장 가까운 n차 다항식은 단 하나 있고 어떻게 구할 수 있는지 알려준다.

《정리 5.14

V는 내적공간이고 W는 V의 부분공간이다. $v \in V$라 하자. 모든 $w \in W$에 대하여 $\langle v-w^*, w \rangle = 0$인 $w^* \in W$가 존재하면 다음이 성립한다.

$$\|v-w^*\| \le \|v-w\|$$

《정리 5.15

V는 내적공간이고 $v \in V$라 하자. W는 V의 n차원 부분공간이다. $\{v_1, v_2, \cdots, v_n\}$를 W의 직교기저라고 하자. 그러면 다음은 동치이다.

(1) 모든 $w \in W$에 대하여 $\|v-w^*\| \le \|v-w\|$이다.

(2) $w^* = \dfrac{\langle u, v_1 \rangle}{\langle v_1, v_1 \rangle} v_1 + \dfrac{\langle u, v_2 \rangle}{\langle v_2, v_2 \rangle} v_2 + \cdots + \dfrac{\langle u, v_n \rangle}{\langle v_n, v_n \rangle} v_n$

정리에서 $V = C[a, b]$로 보고 $W = P_n$로 보자. 그러면 $f \in C[a, b]$가 n차 이하의 모든 다항식 $p(x)$에 대하여 $\|f - p_n^*\| \le \|f-p\|$란 의미는 노름 $\|\cdot\|$을 기준으로 n차 이하의 모든 다항식 중에서 $p_n^*(x)$가 $f(x)$에 가장 가깝다는 뜻이다. 정리 5.15는 그 다항식을 만드는 방법이다.

5.4 선형변환

▌정의 5.12

U와 V를 벡터공간이라 하자. U에서 V로 가는 함수 $T: U \to V$가
(1) 모든 $u, v \in U$에 다하여 $T(u+v) = T(u) + T(v)$
(2) 임의의 스칼라 α에 대하여 $T(\alpha u) = \alpha u$
을 만족하면 T를 선형변환(linear transformation)이라 한다.

대표적인 선형변환은 미분과 적분을 들 수 있다. $C^1[a, b]$를 한 번 미분한 함수가 연속인 함수들의 집합이라 하자. 그러면 $C^1[a, b] \subset C[a, b]$이다. $U = C^1[a, b]$, $V = C[a, b]$라고 하자. 그러면 $T(f) = f'$로 정의된 함수 $T: U \to V$는 선형변환이다. 왜냐하면

$$T(f+g) = (f+g)' = f' + g' = T(f) + T(g)$$
$$T(\alpha f) = (\alpha f)' = \alpha f' = \alpha T(f)$$

이기 때문이다. 또한 $T(f) = \int_0^1 f(x)dx$로 정의된 함수 $T: C[a, b] \to R$도 선형변환이다. 왜냐하면

$$T(f+g) = \int_0^1 (f+g)(x)dx = \int_0^1 f(x)dx + \int_0^1 g(x)dx = T(f) + T(g)$$
$$T(\alpha f) = \int_0^1 (\alpha f)(x)dx = \alpha \int_0^1 f(x)dx = \alpha T(f)$$

이기 때문이다.

예제 5.14 $T(p)=p(2)$로 정의된 $T: P_2 \to R$은 선형변환이다.

풀이 $p(x)=a+bx+cx^2$이고 $q(x)=d+ex+fx^2$이라 하자. 그러면

$$\begin{aligned} T(p+q) &= (p+q)(2) = (a+d)+2(b+e)+4(c+f) \\ &= (a+2b+4c)+(d+2e+4f) \\ &= p(2)+q(2) = T(p)+T(q) \end{aligned}$$

$$\begin{aligned} T(\alpha p) &= (\alpha p)(2) = \alpha a + 2\alpha b + 4\alpha c \\ &= \alpha p(2) = \alpha T(p) \end{aligned}$$

이므로 선형변환이다. ■

$B=\{v_1, v_2, \cdots, v_n\}$를 벡터공간 V의 기저라 하고 $T: V \to R^n$을 $T(v)=[v]_B$라고 정의하자. 그러면

$$T(u+v)=[u+v]_B=[u]_B+[v]_B, \quad T(\alpha v)=[\alpha v]_B=\alpha[v]_B$$

이므로 $T: V \to R^n$는 선형변환이다.

문제 5.14 $C^1[0, 1]$은 $[0, 1]$ 위에서 일계도함수가 연속인 함수들의 집합이다. $k(x) \in C[0, 1]$에 대하여 $T: C^1[0, 1] \to C[0, 1]$은 $T(f)=f'+kf$이다. T는 선형변환임을 보여라.

▌정의 5.13

U와 V를 벡터공간이라 하자. 모든 $u \in U$에 대하여

(1) $I(u)=u$로 정의된 함수 $I: V \to V$를 **항등변환**(identity transformation)이라고 한다.

(2) $T(u)=\theta_V$로 정의된 함수 $T: U \to V$를 **영변환**(zero transformation)이라고 한다.

U가 n차원의 공간이고 $T: U \to V$가 선형변환이라고 하자. 그러면 모든 $u \in U$는

$$u = c_1 u_1 + c_2 u_2 + \cdots + c_n u_n$$

로 나타낼 수 있고

$$T(u) = c_1 T(u_1) + c_2 T(u_2) + \cdots + c_n T(u_n)$$

으로 나타낼 수 있다. 여기서 u_i들은 U의 기저이다. 이 뜻은 모든 $u \in U$의 변환은 기저 u_i들의 변환에 완전히 종속된다는 뜻이다. 즉 기저들의 변환만 알면 U에 속하는 모든 원소의 변환을 알 수 있다는 뜻이다.

예제 5.15 $T(1) = 1 - x$, $T(x) = x + x^2$, $T(x^2) = 1 + 2x$, $T(x^3) = 2 - x^2$으로 정의된 선형변환 $T: P_3 \to P_2$에 대하여

$$\begin{aligned} & T(-x^3 + x^2 - 2x + 3) \\ & = -T(x^3) + T(x^2) - 2T(x) + 3T(1) \\ & = -(2 - x^2) + (1 + 2x) - 2(x + x^2) + 3(1 - x) \\ & = -3x^2 - 3x + 2 \end{aligned}$$

이다.

문제 5.15 $T(1) = 1 - x$, $T(x) = x + x^2$, $T(x^2) = 1 + 2x$, $T(x^3) = 2 - x^2$으로 정의된 선형변환 $T: P_3 \to P_2$에 대하여 $T(a + bx + cx^2 + dx^3)$을 구하라.

《 정리 5.16

$T: U \to V$를 선형변환이라고 하자. 그러면

(1) $T(\theta_U) = \theta_V$

(2) $N(T) = \{u \in U \mid T(u) = \theta\}$는 U의 부분공간이다.

(3) $R(T)=\{T(u)\in V \mid u\in U\}$는 V의 부분공간이다.
(4) T가 일대일이기 위한 필요충분조건은 $N(T)=\{\theta_U\}$이다.

증명 (1) $T(\theta_U)=T(0\theta_U)=0\,T(\theta_U)=\theta_V$

(2) $\theta_U\in N(T)$이다. $u,\ v\in N(T)$이고 α가 스칼라이면

$$T(u+v)=T(u)+T(v)=\theta_V+\theta_V=\theta_V,$$
$$T(\alpha u)=\alpha T(u)=0$$

이므로 $u+v\in N(T)$, $\alpha u\in N(T)$이다.

(3) $x,\ y\in R(T)$이고 α가 스칼라라 하자. 그러면 $x=T(u)$, $y=T(v)$인 $u,\ v\in U$가 있다.

$$x+y=T(u)+T(v)=T(u+v),\ \alpha x=\alpha T(u)=T(\alpha u)$$

이므로 $x+y,\ \alpha x\in R(T)$이다.

(4) $N(T)=\{\theta_U\}$라 하자. $T(u)=T(v)$이면 $T(u-v)=\theta_V$이므로 $u-v\in N(T)$이다. 따라서 $u=v$이다. 그러므로 T는 일대일이다. 역으로 T는 일대일이라고 하자. 임의의 $u\in N(T)$에 대하여 $T(u)=T(\theta_U)=\theta_V$이다. 따라서 $u=\theta_U$이다. 그러므로 $N(T)=\{\theta_U\}$이다. ■

A를 크기가 $(m,\ n)$인 행렬이라고 하자. $T(x)=Ax$로 정의된 n차원 공간에서 m차원 벡터공간으로 가는 함수 $T: R^n\to R^m$은 선형변환이다. 그러면 $N(T)$는 A의 영공간이고 $R(T)$는 A의 치역이다. 위 정리에 의하여 $Ax=b$가 유일한 해를 갖기 위한 필요충분조건은 $Ax=\theta$의 해가 오직 $x=\theta$일 때뿐이다.

《 정리 5.17

$T: U \to V$는 선형변환이고 $B = \{u_1, u_2, \cdots, u_n\}$는 벡터공간 U의 기저라 하자. 그러면

(1) $R(T) = \text{span}\{T(u_1), T(u_2), \cdots, T(u_n)\}$

(2) T가 일대일이기 위한 필요충분조건은 $\{T(u_1), T(u_2), \cdots, T(u_n)\}$이 일차독립이다.

(3) $\text{rank}(T) + \text{nullity}(T) = n$

증명 (1)은 당연하다.

(2) T가 일대일이고 $\alpha_1 T(u_1) + \alpha_2 T(u_2) + \cdots + \alpha_n T(u_n) = \theta_V$ 라 하자. 그러면

$$T(\alpha_1 u_1 + \alpha_2 u_2 + \cdots + \alpha u_n) = \theta_V$$

이므로 $\alpha_1 u_1 + \alpha_2 u_2 + \cdots + \alpha_n u_n = \theta_U$이다. $B = \{u_1, u_2, \cdots, u_n\}$는 기저이므로

$$\alpha_1 = \alpha_2 = \cdots = \alpha_n = 0$$

이다. 그러므로 $\{T(u_1), T(u_2), \cdots, T(u_n)\}$은 일차독립이다. 역도 성립한다.

(3) (1)에 의하여 $0 \le \text{rank}(T) \le n$이다. $0 < \text{rank}(T) = r < n$이라고 하자. 그러면 $R(T)$는 기저 $\{v_1, v_2, \cdots, v_r\}$을 갖는다. 따라서 $T(w_i) = v_i$인 $w_i \in U$가 존재한다. $\text{nullity}(T) = k$이고 $\{x_1, x_2, \cdots, x_k\}$를 $N(T)$의 기저라 하자. $\{x_1, x_2, \cdots, x_k, w_1, w_2, \cdots, w_r\}$이 U의 기저임을 보이면 된다. $c_1 x_1 + c_2 x_2 + \cdots + c_k x_k + a_1 w_1 + a_2 w_2 + \cdots + a_r w_r = \theta_U$라 하자. 그러면

$$c_1 T(x_1) + c_2 T(x_2) + \cdots + c_k T(x_k)$$
$$+ a_1 T(w_1) + a_2 T(w_2) + \cdots + a_r T(w_r) = \theta_V$$

모든 $x_i \in N(T)$이고 $T(w_i) = v_i$이므로 $a_1 v_1 + a_2 v_2 + \cdots + a_r v_r = \theta_U$이다. $\{v_1, v_2, \cdots, v_r\}$는 일차독립이므로 모든 $a_i = 0$이다. 따라서 $c_1 x_1 + c_2 x_2 + \cdots + c_k x_k = \theta_U$이다. $\{x_1, x_2, \cdots, x_k\}$는 $N(T)$의 기저이므로 모든 $c_i = 0$이다. 그러므로 $\{x_1, x_2, \ldots, x_k, w_1, w_2, \cdots, w_r\}$은 일차독립이다.

임의의 $u \in U$에 대하여 $v = T(u) \in R(T)$이다. 그러므로

$$T(u) = b_1 v_1 + b_2 v_2 + \cdots + b_r v_r$$

이 되는 b_i가 존재한다. $x = b_1 w_1 + b_2 w_2 + \cdots + b_r w_r$라 하면 $T(u - x) = \theta_V$이다. 따라서 $u - x \in N(T)$이고 $u - x = d_1 x_1 + d_2 x_2 + \cdots + d_k x_k$인 d_i가 존재한다. 따라서

$$u \in \text{span}\{x_1, x_2, \cdots, x_k, w_1, w_2, \cdots, w_r\}$$

이다. 그러므로 $\{x_1, x_2, \cdots, x_k, w_1, w_2, \cdots, w_r\}$은 U의 기저이다. 그러므로

$$\text{rank}(T) + \text{nullity}(T) = n$$

이다. $\text{rank}(T) = 0$이거나 또는 $\text{rank}(T) = n$인 경우 증명이 더 필요하다. ■

예제 5.16 $T: P_3 \to R^{2\times 2}$은 $T(a_0 + a_1 x + a_2 x^2 + a_3 x^3) = \begin{pmatrix} a_0 + a_2 & a_0 + a_3 \\ a_1 + a_2 & a_1 + a_3 \end{pmatrix}$이다. $\text{rank}(T)$와 $\text{nullity}(T)$를 구하라.

풀이 $R(T)=\text{span}\{T(1),\ T(x),\ T(x^2),\ T(x^3)\}$이고

$$A_1 = T(1) = \begin{pmatrix}1 & 1\\0 & 0\end{pmatrix},$$
$$A_2 = T(x) = \begin{pmatrix}0 & 0\\1 & 1\end{pmatrix},$$
$$A_3 = T(x^2) = \begin{pmatrix}1 & 0\\1 & 0\end{pmatrix},$$
$$A_4 = T(x^3) = \begin{pmatrix}0 & 1\\0 & 1\end{pmatrix}$$

이다. $R^{2\times 2}$의 표준기저 $B=\{E_{11},\ R_{12},\ E_{21},\ E_{22}\}$에 대하여

$$[A_1]_B=\begin{pmatrix}1\\1\\0\\0\end{pmatrix},\ [A_2]_B=\begin{pmatrix}0\\0\\1\\1\end{pmatrix},\ [A_{13}]_B=\begin{pmatrix}1\\0\\1\\0\end{pmatrix},\ [A_4]_B=\begin{pmatrix}0\\1\\0\\1\end{pmatrix}$$

$C=\begin{pmatrix}1 & 0 & 1 & 0\\1 & 0 & 0 & 1\\0 & 1 & 1 & 0\\0 & 1 & 0 & 1\end{pmatrix}$라 하면

$$C^T \Rightarrow D^T=\begin{pmatrix}1 & 1 & 0 & 0\\0 & 1 & 0 & 1\\0 & 0 & 1 & 1\\0 & 0 & 0 & 0\end{pmatrix} \Rightarrow D=\begin{pmatrix}1 & 0 & 0 & 0\\1 & 1 & 0 & 0\\0 & 0 & 1 & 0\\0 & 1 & 0 & 0\end{pmatrix}$$

그러므로 $B_1=\begin{pmatrix}1 & 1\\0 & 0\end{pmatrix},\ B_2=\begin{pmatrix}0 & 1\\0 & 1\end{pmatrix},\ B_3=\begin{pmatrix}0 & 0\\1 & 1\end{pmatrix}$로 정의하면 $B=\{B_1,\ B_2,\ B_3\}$는 $R(T)$의 기저가 된다. 그러므로 $\dim(P_3) = \text{rank}(T)+\text{nullity}(T)=4$이고 $\text{rank}(T)=3$이므로 $\text{nullity}(T)=1$이다. ■

문제 5.16 $T: P_2 \to R$이고 $T(p)=p(2)$이다. $N(T)$의 기저를 구하고 $\text{rank}(T)$와 $\text{nullity}(T)$를 구하라.

따라서 $A\in R^{m\times n}$이면 $n=\text{rank}(A)+\text{nullity}(A)$이다.

5.5 선형변환의 연산

함수와 마찬가지로 선형변환도 덧셈이나 합성 같은 연산을 할 수 있다. 벡터 공간 U와 V에 대하여 $T: U \to V$와 $S: U \to V$를 선형변환이라고 하자. 변환의 덧셈과 스칼라 α에 대하여 스칼라 곱셈을 다음과 같이 정의하자.

$$(T+S)(u) = T(u) + S(u), \quad (\alpha T)(u) = \alpha(T(u))$$

그러면

$$\begin{aligned}(T+S)(u+v) &= T(u+v) + S(u+v) \\ &= T(u) + T(v) + S(u) + S(v) \\ &= (T+S)(u) + (T+S)(v),\end{aligned}$$

$$\begin{aligned}(T+S)(\alpha u) &= T(\alpha u) + S(\alpha u) \\ &= \alpha T(u) + \alpha S(u) \\ &= \alpha(T+S)(u)\end{aligned}$$

이고

$$\begin{aligned}(\alpha T)(u+v) &= \alpha(T(u) + T(v)) \\ &= (\alpha T)(u) + (\alpha T)(v),\end{aligned}$$

$$\begin{aligned}(\alpha T)(ku) &= \alpha(T(ku)) \\ &= \alpha(kT)(u) = k(\alpha T)(u)\end{aligned}$$

이므로 $T+S$도 αT도 U에서 V로 가는 선형변환이다.

예를 들어 $T_1: P_4 \to P_2$이고 $T_2: P_4 \to P_2$이라고 하자. 단 $T_1(p) = p''(x)$, $T_2(p) = xp(1)$이다. 그러면

$$(T_1 + T_2)(p) = T_1(p) + T_2(p) = p''(x) + xp(1),\ (\alpha T)(p) = \alpha(T(p))$$

이다.

$$\begin{aligned}(T_1 + T_2)(p+q) &= (p+q)''(x) + x(p+q)(1) \\ &= p''(x) + xp(1) + q''(x) + xq(1) \\ &= (T_1 + T_2)(p) + (T_1 + T_2)(q),\end{aligned}$$

$$\begin{aligned}(T_1 + T_2)(\alpha p) &= (\alpha p)''(x) + x(\alpha p(1)) \\ &= \alpha(p''(x) + xp(1)) = \alpha(T_1 + T_2)(p)\end{aligned}$$

이므로 $S = T_1 + T_2$도 P_4에서 P_2로 가는 선형변환이다.

벡터공간 U, V와 W에 대하여 $S: U \to V$이고 $T: V \to W$인 선형변환이라고 하자. $L = T \circ S$을 U 위에서 $L(u) = (T \circ S)(u) = T(S(u))$라고 정의하자. 그러면

$$\begin{aligned}L(u+v) &= T(S(u+v)) = T(S(u) + S(v)) \\ &= T(S(u)) + T(S(v)) = L(u) + L(v)\end{aligned}$$

$$\begin{aligned}L(\alpha u) &= T(S(\alpha u)) = T(\alpha S(u)) \\ &= \alpha T(S(u)) = \alpha L(u)\end{aligned}$$

이다. 그러므로 L은 U에서 W로 가는 선형변환이다.

▌정의 5.14

벡터공간 U, V와 W에 대하여 $S: U \to V$이고 $T: V \to W$인 선형변환이라고 하자. 모든 $u \in U$에 대하여 $L(u) = (T \circ S)(u) = T(S(u))$라고 정의하자. 이때 $L = T \circ S: U \to W$을 S와 T의 합성(composition)이라고 한다.

예제 5.17 S: $R^{2\times 2}\to P_2$로 $A=\begin{pmatrix} a & b \\ c & d \end{pmatrix}$에 대해

$S(A)=(a-c)+(b+2c)x+(3c-d)x^2$이다.

$T: P_2\to R^2$로 $T(a+bx+cx^2)=\begin{pmatrix} a-b \\ 2b+c \end{pmatrix}$이다. 그러면

$$\begin{aligned}(T\circ S)(A) &= T(S(A)) \\ &= T((a-c)+(b+2c)x+(3c-d)x^2) \\ &= \begin{pmatrix} a-b-3c \\ 2b+7c-d \end{pmatrix}\end{aligned}$$

변환의 합성은 교환법칙이 성립하지 않는다. 즉

$S\circ T\neq T\circ S$이다.

문제 5.17 $S: P_4\to P_4$로 $S(p)=p''$이고 $T: P_4\to P_4$로

$T(p)=xp(1)$이다. $(S\circ T)(p)$와 $(T\circ S)(p)$를 구하라.

$U=\{\begin{pmatrix} a-b \\ b & a \end{pmatrix} \mid a,\ b\in R\}$이고 $T: U\to P_1$은 $T(\begin{pmatrix} a & -b \\ b & a \end{pmatrix})=(a-b)+(a+b)x$

라고 하자. $A_1=\begin{pmatrix} 1 & 0 \\ 0 & 1 \end{pmatrix}$이고 $A_2=\begin{pmatrix} 0 & -1 \\ 1 & 0 \end{pmatrix}$라 하면 $\{A_1,\ A_2\}$는 U의 기저이다.

$$R(T)=\text{span}\{T(A_1),\ T(A_2)\}=\text{span}\{1+x,\ -1+x\}\subset P_1$$

이고 $\{1+x,\ -1+x\}$은 일차독립이다. 따라서 $\text{rank}(T)=2$이고 $R(T)=P_1$이다. 이 경우 $S: P_1\to U$를 $S(a+bx)=\begin{pmatrix} \frac{b+a}{2} & -\frac{b-a}{2} \\ \frac{b-a}{2} & \frac{b+a}{2} \end{pmatrix}$로 정의하자. 그러면

$$(S\circ T)(\begin{pmatrix} a & -b \\ b & a \end{pmatrix})=S((a-b)+(a+b)x)=\begin{pmatrix} a & -b \\ b & a \end{pmatrix}$$

$$(T \circ S)(a+bx) = T\begin{pmatrix} \frac{b+a}{2} & -\frac{b-a}{2} \\ \frac{b-a}{2} & \frac{b+a}{2} \end{pmatrix} = a+bx$$

이다. 즉 $T \circ S = I$, $S \circ T = I$로 항등변환이다.

▌정의 5.15

벡터공간 V와 W에 대하여 $T: V \to W$를 선형변환이라고 하자. T가 일대일대응이면 T를 가역변환(invertible transformation)이라 한다. 이때 선형변환 $S: W \to V$가 있어서 $T \circ S = I$, $S \circ T = I$이면 S를 T의 역변환(inverse transformation)이라 하며 $S = T^{-1}$로 나타낸다.

예제 5.18 $U = \{\begin{pmatrix} a & -b \\ b & a \end{pmatrix} \mid a, b \in R\}$이고 $V = \{f \in C[0, 1] \mid f(x) = \alpha e^x + \beta e^{-x}\}$이다. $T: U \to V$은 $T(\begin{pmatrix} a & -b \\ b & a \end{pmatrix}) = (a-b)e^x + (a+b)e^{-x}$라고 하자. $A_1 = \begin{pmatrix} 1 & 0 \\ 0 & 1 \end{pmatrix}$, $A_2 = \begin{pmatrix} 0 & -1 \\ 1 & 0 \end{pmatrix}$라 놓으면 $\{A_1, A_2\}$은 U의 기저이다.

따라서 $R(T) = \text{span}\{T(A_1), T(A_2)\} = \text{span}\{e^x + e^{-x}, e^x - x^{-x}\}$이고 $\{e^x + e^{-x}, e^x - x^{-x}\}$은 일차독립이다. $R(T) \subset V$이고 $\text{rank}(T) = \dim(V) = 2$이므로 $R(T) = V$이다. 또한 $N(T) = \{\Theta\}$이므로 T는 가역변환이다.

$f(x) = \alpha e^x + \beta e^{-x} \in V$에 대하여 $T(\begin{pmatrix} a & -b \\ b & a \end{pmatrix}) = \alpha e^x + \beta e^{-x}$라 하자. 그러면

$$a - b = \alpha, \ a + b = \beta$$

이다. $a = \frac{1}{2}(\alpha+\beta)$, $b = \frac{1}{2}(\alpha-\beta)$이므로 역변환은

$$T^{-1}(\alpha e^{x}+\beta e^{-x})=\frac{1}{2}\begin{pmatrix}\alpha+\beta & -\alpha+\beta \\ \alpha-\beta & \alpha+\beta\end{pmatrix}$$

로 정의하면 된다.

문제 5.18 $V=R^{2\times 2}$이다. $T: V\rightarrow V$를 $T(A)=A^{T}$라고 하자. T^{-1}를 구하라.

《정리 5.18

U와 V는 벡터공간이고 $T: U\rightarrow V$는 가역변환이라고 하자. 그러면

(1) $T^{-1}: V\rightarrow U$은 선형변환이다.

(2) T^{-1}도 가역변환이고 $(T^{-1})^{-1}=T$이다.

(3) $T^{-1}\circ T=I_U$, $T\circ T^{-1}=I_V$이다.

증명 (1) $T: U\rightarrow V$는 가역변환이므로 임의의 $v_1, v_2\in V$에 대하여 적당한 $u_1, u_2\in U$에 있어서 $T(u_1)=v_1$, $T(u_2)=v_2$이다.

따라서 $T^{-1}(v_1)=u_1$, $T^{-1}(v_2)=u_2$이고

$$v_1+v_2=T(u_1)+T(u_2)=T(u_1+u_2)$$

이므로 $T^{-1}(v_1+v_2)=u_1+u_2=T^{-1}(v_1)+T^{-1}(v_2)$이다. 마찬가지로 임의의 $v\in V$에 대하여 적당한 $u\in U$에 있어서 $T(u)=v$이다. 스칼라 α에 대하여 $\alpha v=\alpha T(u)=T(\alpha u)$이므로 $\alpha u=T^{-1}(\alpha v)$이다. 그러므로

$$T^{-1}(\alpha v)=\alpha u=\alpha T^{-1}(v)$$

이므로 $T^{-1}: V\rightarrow U$은 선형변환이다.

(2) $v \in N(T^{-1})$이면 $T^{-1}(v) = \theta$이고 $T(\theta) = v$이다. T는 가역이므로 $v = \theta$이다. 따라서 T^{-1}은 일대일이다. $u \in U$이면 $v = T(u) \in V$이다. 따라서 $u = T^{-1}(v)$이므로 위로의 함수이다. 그러므로 T^{-1}는 일대일대응으로 가역변환이다.

■

정의 5.16

U와 V는 벡터공간이다. 만일 $T: U \to V$는 가역변환이면 U와 V는 동형(isomorphic)이라고 하며 $T: U \to V$를 동형사상(isomorphism)이라 한다. 이때 $U \cong V$로 나타낸다.

예제 5.19 $T: P_2 \to R^3$를 $T(a+bx+cx^2) = \begin{pmatrix} a \\ b \\ c \end{pmatrix}$라고 정의하자. 그러면 T는 선형변환이자 가역변환이다. 따라서 P_2와 R^3는 동형이다. $T: P_3 \to R^{2\times 2}$를 $T(a+bx+cx^2+dx^3) = \begin{pmatrix} a & b \\ c & d \end{pmatrix}$라고 정의하자. 그러면 T는 선형변환이자 가역변환이다. 따라서 P_3와 $R^{2\times 2}$는 동형이다.

문제 5.19 $U = \{p \mid p(x) = a+bx+cx^2+dx^3,\ d = -2a+3b+c\}$일 때 $U \cong R^3$임을 보여라.

정리 5.19

U가 n차 벡터공간이면 U와 R^n은 동형이다.

증명 $B = \{u_1, u_2, \cdots, u_n\}$를 벡터공간 U의 기저라 하고 $T: U$

$\to R^n$로 $T(u)=[u]_B$인 선형변환이라고 하자. B는 기저이므로 $N(T)=\{\theta\}$이다. 따라서 T는 일대일이다. $T(u_i)=e_i$이므로

$$R(T)=\text{span}\{T(u_1),\ T(u_2),\ \cdots,\ T(u_n)\}$$
$$=\text{span}\{e_1,\ e_2,\ \cdots,\ e_n\}=R^n$$

이다. 그러므로 T는 일대일대응으로 U와 R^n은 동형이다. 이 정리에 의해 $P_1\cong R^2$, $P_2\cong R^3$, $\cdots$, $P_n\cong R^{n+1}$이다. 예를 들어 $B=\{1,\ x,\ x^2\}$이라고 하고 $T(p)=[p]_B$라고 정의하면 (즉 $T(a+bx+cx^2)=\begin{pmatrix}a\\b\\c\end{pmatrix}$) $T: P_2\to R^3$는 동형사상이다. 이러한 동형사상은 독립변수와 종속변수를 쌍으로 이어준다. 즉 $p\leftrightarrow[p]_B$이다. 따라서

$$p+q\leftrightarrow[p]_B+[q]_B\text{이고 }\ \alpha p\leftrightarrow\alpha[p]_B$$

이 되어 P_2와 R^3는 같은 대수적 성질을 갖는다. ■

따라서 U와 V가 n차원 벡터공간이면 U와 V는 동형이다.

선형변환 $T: R^n\to R^m$는 $T(x)=Ax$로 나타낼 수 있다. 여기서 $A\in R^{m\times n}$이다. 일반적인 유한차원의 벡터공간 U와 V에서도 $U\cong R^n$이고 $V\cong R^m$이므로 행렬로 표시할 수 있다.

정의 5.17

선형변환 $T: U\to V$에서 $\dim(U)=n$이고 $\dim(V)=m$이라고 하자. $B=\{u_1,\ u_2,\ \cdots,\ u_n\}$를 U의 기저 그리고 $C=\{v_1,\ u_2,\ \cdots,\ v_m\}$를 V의 기저라고 하자. 그러면 선형변환 T의 B와 C에 관한 행렬(matrix representation)은 다음과 같이 정의된다.

$$Q=[Q_1,\ Q_2,\ \cdots,\ Q_n]$$

여기서 $Q_i=[T(u_i)]_C$이다.

각 $T(u_i)$는 다음과 같이 표현된다.

$$\begin{aligned} T(u_1) &= q_{11}v_1 + q_{21}v_2 + \cdots + q_{m1}v_m \\ T(u_2) &= q_{12}v_1 + q_{22}v_2 + \cdots + q_{m2}v_m \\ &\vdots \\ T(u_n) &= q_{1n}v_n + q_{2n}v_2 + \cdots + q_{mn}v_m \end{aligned}$$

그러므로

$$Q_1=[T(u_1)]_C=\begin{pmatrix} q_{11} \\ q_{21} \\ \vdots \\ q_{m1} \end{pmatrix},\ \cdots,\ Q_n=[T(u_n)]_C=\begin{pmatrix} q_{1n} \\ q_{2n} \\ \vdots \\ q_{mn} \end{pmatrix}$$

이고 $Q=(q_{ij})\in R^{m\times n}$이 된다.

예를 들어 $T: R^{2\times 2}\to P_2$로 $T(\begin{pmatrix} a & b \\ c & d \end{pmatrix})=(a-d)+(a+2b)x+(b-3c)x^2$이다. $B=\{E_{11},\ R_{12},\ E_{21},\ E_{22}\}$이고 $C=\{1,\ x,\ x^2\}$라 하자. $T(E_{11})=1+x$, $T(E_{12})=2x+x^2$, $T(E_{21})=-3x^2$, $T(E_{22})=-1$은

$$\begin{aligned} T(E_{11}) &= 1+1x+0x^2 \\ T(E_{12}) &= 0+2x+1x^2 \\ T(E_{21}) &= 0+0x-3x^2 \\ T(E_{22}) &= -1+0x+0x^2 \end{aligned}$$

이므로 T의 B와 C에 관한 행렬 표현은 다음과 같다.

$$Q = \begin{pmatrix} 1 & 0 & 0 & -1 \\ 1 & 2 & 0 & 0 \\ 0 & 1 & -3 & 0 \end{pmatrix}$$

≪ 정리 5.20

선형변환 $T: U \to V$에서 $\dim(U) = n$이고 $\dim(V) = m$이라고 하자. B와 C를 각각 U와 V의 기저라 하고, Q를 T의 B와 C에 관한 행렬이라 하자. $u \in U$이고 $T(u) = v$이면 다음이 성립한다.

$$Q[u]_B = [v]_C$$

여기서 이러한 Q는 단 하나뿐이다.

예제 5.20 $U = R^{2\times 2}$이고 $T: U \to P_2$는 위 예제와 같이 정의하였다. $p(x) = T(A)$라 하면 $Q[A]_B = [p(x)]_C$임을 보여라.

풀이 $B = \{E_{11}, R_{12}, E_{21}, E_{22}\}$이고 $C = \{1, x, x^2\}$이라 하자. 그러면 $A = \begin{pmatrix} a & b \\ c & d \end{pmatrix}$에 대하여 $A = aE_{11} + bE_{12} + cE_{21} + dE_{22}$이므로

$$[A]_B = \begin{pmatrix} a \\ b \\ c \\ d \end{pmatrix}$$

이다. 한편 $p(x) = (a-d) + (a+2b)x + (b-3c)x^2$이므로

$$[p(x)]_C = \begin{pmatrix} a-d \\ a+2b \\ b-3c \end{pmatrix}$$

이다. 그러므로

$$Q[A]_B = \begin{pmatrix} 1 & 0 & 0 & -1 \\ 1 & 2 & 0 & 0 \\ 0 & 1 & -3 & 0 \end{pmatrix} \begin{pmatrix} a \\ b \\ c \\ d \end{pmatrix} = \begin{pmatrix} a-d \\ a+2b \\ b-3c \end{pmatrix} = [p(x)]_C$$

이다. ■

문제 5.20 $S: P_2 \to P_3$이고 $S(f) = x^2 f'' - 2f' + xf$이다. $A = \{1, x, x^2\}$와 $B = \{1, x, x^2, x^3\}$는 각각 P_2와 P_3의 표준기저이다. A와 B에 관한 S의 행렬을 구하라.

$T: R^n \to R^m$를 $T(x) = Ax$로 정의된 선형변환이라 하고, B와 C를 각각 R^n과 R^m의 표준기저라 하자. 그러면 $y \in R^m$에 대하여 $y = [y]_C$이다. $Q = [Q_1, Q_2, \cdots, Q_n]$를 T의 B와 C에 관한 행렬이라 하자. $A = [A_1, A_2, \cdots, A_n]$이라고 하면 $Q_i = [T(e_i)]_C = T(e_i) = Ae_i = A_i$이다. 따라서 $Q = A$가 된다.

V는 벡터공간이고 $T: V \to V$은 선형변환이라 하자. B는 정의역과 치역의 공통된 기저라 하자. 이때 Q를 B에 관한 T의 행렬이라 한다. 그러면 $Q[v]_B = [T(v)]_B$가 된다.

예제 5.21 $T: P_2 \to P_2$는 $T(p) = xp'(x)$이다. $B = \{1, x, x^2\}$는 P_2의 표준기저이다. 그러면

$$T(1) = 0, \quad T(x) = x, \quad T(x^2) = 2x^2$$

이므로

$$[T(1)]_B = \begin{pmatrix} 0 \\ 0 \\ 0 \end{pmatrix}, \quad [T(x)]_B = \begin{pmatrix} 0 \\ 1 \\ 0 \end{pmatrix}, \quad [T(x^2)]_B = \begin{pmatrix} 0 \\ 0 \\ 2 \end{pmatrix}$$

이다. B에 관한 T의 행렬은

$$Q = \begin{pmatrix} 0 & 0 & 0 \\ 0 & 1 & 0 \\ 0 & 0 & 2 \end{pmatrix}$$

이다. $p(x) = a + bx + cx^2$에 대하여 $T(p) = xp'(x) = x(b + 2cx) = bx + 2cx^2$이다. 그러므로

$$[p(x)]_B = \begin{pmatrix} a \\ b \\ c \end{pmatrix}, \ [T(p)]_B = \begin{pmatrix} 0 \\ b \\ 2c \end{pmatrix}$$

이다. 따라서 $Q[p(x)]_B = [T(p(x))]_B$이다.

문제 5.21 $T: P_3 \to P_3$는 $T(p) = x^2 p''(x)$이다. $B = \{1, x, x^2, x^3\}$는 P_3의 표준기저이다. B에 관한 T의 행렬을 구하라.

연습문제 5

01 다음 집합이 벡터공간이 되는지 아닌지 설명하라.

(1) $\{x \in R^3 | x_1 + x_2 = 0\}$　　(2) $\{x \in R^3 | x_2 + x_3 = 1\}$

(3) $\{p(x) \in P_2 | p(0) = 0\}$　　(4) $\{p(x) \in P_2 | p(1) = p(2)\}$

(5) $\{A \in R^{2\times 2} | a_{11} + a_{22} = 0\}$　　(6) $\{A \in R^{2\times 2} | a_{12} = 0\}$

(7) $\{f(x) \in C[-1,\ 1] | f(1) = 0\}$

(8) $\{f(x) \in C[-1,\ 1] | f(1) = f(-1)\}$

02 다음 집합이 주어진 벡터공간의 부분공간이 되는지 아닌지 설명하라.

(1) $\{x \in R^3 | x_1 + x_2 + x_3 = 1\}$

(2) $\{x \in R^3 | x_1 = x_2 = x_3\}$

(3) $\{p(x) \in P_2 | p(x) = -p(-x)\}$

(4) $\{p(x) \in P_3 | p(1) = p(-1),\ p(2) = p(-2)\}$

(5) $\{A \in R^{2\times 2} | a_{11}a_{22} = 0\}$

(6) $\{A \in R^{2\times 3} | a_{11} = a_{12},\ a_{12} = -a_{13},\ a_{23} = 0\}$

(7) $\{f(x) \in C[-1,\ 1] | f(0) = 0\}$

(8) $\{f(x) \in C[-1,\ 1] | f'(x) = 0\}$

03 $B_1 = \begin{pmatrix} 1 & 0 \\ 1 & -2 \end{pmatrix}$, $B_2 = \begin{pmatrix} 2 & 1 \\ 1 & -2 \end{pmatrix}$, $B_3 = \begin{pmatrix} -1 & 3 \\ -1 & 2 \end{pmatrix}$, $B_4 = \begin{pmatrix} 1 & 1 \\ -2 & 5 \end{pmatrix}$이다. 다음 행렬을 $\{B_1,\ B_2,\ B_3,\ B_4\}$의 일차결합으로 나타내라.

(1) $\begin{pmatrix} 1 & 4 \\ -2 & 5 \end{pmatrix}$　　(2) $\begin{pmatrix} 1 & 1 \\ 1 & 1 \end{pmatrix}$

(3) $\begin{pmatrix} 1 & 2 \\ 3 & 4 \end{pmatrix}$ (4) $\begin{pmatrix} a & b \\ c & d \end{pmatrix}$

04 다음 부분공간의 기저를 구하라.

(1) $\{x \in R^3 | x_1 + x_2 + x_3 = 0\}$

(2) $\{x \in R^3 | x_1 = x_2 = x_3\}$

(3) $\{a_0 + a_1 x + a_2 x^2 | a_2 = a_0 - 2a_1\}$

(4) $\{p(x) \in P_2 | p(0) = 0\}$

(5) $\{A \in R^{2\times 2} | a_{12} = a_{21}\}$

(6) $\{A \in R^{2\times 2} | a_{11} + a_{12} + a_{21} + a_{22} = 0\}$

05 다음 집합이 일차독립이 되는지 아닌지 설명하라.

(1) $\left\{\begin{pmatrix} 2 & 1 \\ 2 & 1 \end{pmatrix}, \begin{pmatrix} 3 & 0 \\ 0 & 2 \end{pmatrix}, \begin{pmatrix} 1 & 1 \\ 2 & 1 \end{pmatrix}\right\}$ (2) $\left\{\begin{pmatrix} 2 & 2 \\ 1 & 3 \end{pmatrix}, \begin{pmatrix} 1 & 4 \\ 0 & 5 \end{pmatrix}, \begin{pmatrix} 4 & 10 \\ 1 & 13 \end{pmatrix}\right\}$

(3) $\{x^2 + 2x - 1,\ x^2 - 5x + 2,\ 3x^2 - x\}$

(4) $\{x^3 + 1,\ x^2 + 1,\ x + 1,\ 1\}$

06 $U = R^{3\times 3}$, V는 아래삼각행렬의 집합, W는 위삼각행렬의 집합 그리고 D는 대각행렬의 집합이라고 하자.

(1) V, W, D는 부분공간임을 보여라.

(2) V, W, D의 기저를 구하라.

(3) V, W, D의 차원을 구하라.

07 $C = \{1,\ x,\ x^2,\ x^3\}$이고 $B = \{1,\ x,\ x(x-1),\ x(x-1)(x-2)\}$이다. $[p]_B = A[p]_C$가 되는 행렬 A를 구하라.

(1) $p(x) = x^3 - 2x^2 + 5x - 9$ (2) $p(x) = x^2 + 3x - 1$

(3) $p(x) = x^3 + 2x^2 + 2x + 3$　　(4) $p(x) = x^3 - 1$

08 다음은 내적임을 보여라. 여기서 $x = \begin{pmatrix} x_1 \\ x_2 \end{pmatrix}$, $y = \begin{pmatrix} y_1 \\ y_2 \end{pmatrix}$, $p = a_0 + a_1x + a_2x^{2p}$, $q = b_0 + b_1x + b_2x^2$이다.

(1) $\langle x, y \rangle = 2x_1y_1 + x_2y_2$

(2) $\langle x, y \rangle = x^T\begin{pmatrix} 1 & 1 \\ 1 & 2 \end{pmatrix}y$

(3) $\langle p. q \rangle = a_0b_0 + a_1b_1 + a_2b_2$

(4) $\langle p. q \rangle = p(0)q(0) + p(1)q(1) + p(2)q(2)$

09 다음이 선형변환인지 아닌지 설명하라.

(1) $T: R^{2\times 2} \to R$, $T(A) = a_{11} + a_{22}$

(2) $T: R^{2\times 2} \to R$, $T(A) = \det(A)$

(3) $T: C^1[-1, 1] \to R$, $T(f) = f'(0)$

(4) $T: C^1[-1, 1] \to R$, $T(f) = \sin xf(x)$

10 $T: R^{2\times 2} \to R^2$, $T(\begin{pmatrix} a & b \\ c & d \end{pmatrix}) = \begin{pmatrix} a+d \\ b-c \end{pmatrix}$

(1) T는 선형변환임을 보여라.

(2) $N(T)$의 기저를 구하라.

(3) $R(T)$의 기저를 구하라.

(4) $R(T) = R^2$임을 보여라.

11 다음과 같은 변환 $S: P_3 \to P_4$와 $T: P_3 \to P_4$ 그리고 $H: P_4 \to P_3$에 대하여 답하라.

$$S(p) = p'(0),\ T(p) = (x+2)p(x),\ H(p) = p'(x) + p(0)$$

(1) S, T, H는 선형변환임을 보여라.

(2) $(S+T)(x)$를 구하라.

(3) $(H \circ T)(x)$를 구하라.

(4) $(T \circ H)(x)$를 구하라.

(5) T는 일대일임을 보여라.

(6) $R(H) = P_4$임을 보여라.

12 $V = \text{span}\{e^x, e^{2x}, e^{3x}\}$, $T: V \to V$, $T(p) = p'$

(1) T는 가역임을 보여라.

(2) $T^{-1}(e^x)$, $T^{-1}(e^{2x})$, $T^{-1}(e^{3x})$을 구하라.

(3) $T^{-1}(ae^x + be^{2x} + ce^{3x})$

13 $T: R^3 \to R^2$, $T(x) = Ax$, $A = \begin{pmatrix} 1 & 2 & 1 \\ 3 & 0 & 4 \end{pmatrix}$일 때 T의 $\{e_1, e_2, e_3\}$와 $\{e_1, e_2\}$에 관한 행렬을 구하라.

14 $T: P_2 \to P_2$는 선형변환으로

$T(a+bx+cx^2) = -2(2a+b)+3(a+b)x+(-a+2b+3c)x^2$이다.

(1) $B = \{1, x, x^2\}$에 관한 T의 행렬 Q를 구하라.

(2) $C = \{1-3x+7x^2, 6-3x+2x^2, x^2\}$에 관한 T의 행렬 Q를 구하라.

(3) $Q[p]_B = [T(p)]_B$임을 보여라.

연습문제 해답

연습문제 1

01 (1) $\begin{pmatrix} 1 & -3 \\ 0 & 2 \end{pmatrix}\begin{pmatrix} x \\ y \end{pmatrix}=\begin{pmatrix} 1 \\ 2 \end{pmatrix}$ (3) $\begin{pmatrix} 1 & 2 & 3 \\ 2 & 3 & 0 \\ 3 & 0 & 0 \end{pmatrix}\begin{pmatrix} x \\ y \\ z \end{pmatrix}=\begin{pmatrix} 6 \\ 5 \\ 3 \end{pmatrix}$

02 (1) $x=1,\ y=0,\ z=0$ (3) $x=1,\ y=0,\ z=1$

03 (1) 일차독립 (3) 일차독립

04 (1) $\begin{pmatrix} 9 & 3 & 12 \\ -6 & 0 & 3 \\ 3 & 6 & 6 \end{pmatrix}$ (3) $\begin{pmatrix} 8 & -15 & 11 \\ 0 & -4 & -3 \\ -1 & -6 & 6 \end{pmatrix}$

05 (1) $A=\begin{pmatrix} 0 & 0 \\ 0 & 0 \end{pmatrix},\ B=\begin{pmatrix} -1 & 1 \\ 1 & 0 \end{pmatrix},\ C=\begin{pmatrix} 2 & 5 \\ 1 & 3 \end{pmatrix}$

06 $A^2=\begin{pmatrix} 0 & 0 & 1 & 0 & 0 \\ 0 & 0 & 0 & 1 & 0 \\ 0 & 0 & 0 & 0 & 1 \\ 0 & 0 & 0 & 0 & 0 \\ 0 & 0 & 0 & 0 & 0 \end{pmatrix},\ A^4=\begin{pmatrix} 0 & 0 & 0 & 0 & 1 \\ 0 & 0 & 0 & 0 & 0 \\ 0 & 0 & 0 & 0 & 0 \\ 0 & 0 & 0 & 0 & 0 \\ 0 & 0 & 0 & 0 & 0 \end{pmatrix}$

07 (1) $\begin{pmatrix} 0 & 1 \\ 1 & 1 \end{pmatrix}$ (3) $\begin{pmatrix} 1 & -1 & 0 \\ 0 & 1 & -1 \\ 0 & 0 & 1 \end{pmatrix}$

08 (1) $x=1,\ y=0,\ z=0$ (3) $x=1,\ y=0,\ z=1$

09 (1) $x=2,\ y=-1,\ x=-2,\ y=3$

10 (1) $x=t,\ y=t,\ z=2t-1$ (3) 없음

(5) $x=t,\ y=s,\ z=1-s-t,\ u=1$

연습문제 2

01 (1) 부분공간 (3) 부분공간

02 (1) R^2

(3) $\text{span}\{u,\ v,\ w\}=\text{span}\{u,\ v\}$

03 (1) 영공간 $\left\{\begin{pmatrix} 0 \\ 0 \end{pmatrix}\right\}$, 치역 R^2

(3) 영공간 $\left\{\begin{pmatrix} 0 \\ 0 \end{pmatrix}\right\}$, 치역 $\left\{\begin{pmatrix} a \\ b \\ c \end{pmatrix} \middle| 3a-2b+c=0\right\}$

04 (1) $u=\begin{pmatrix}2\\1\end{pmatrix}$ (3) $u_1=\begin{pmatrix}1\\2\\1\end{pmatrix}$, $u_2=\begin{pmatrix}2\\5\\0\end{pmatrix}$

05 (1) 차원 1, 차수 1 (3) 차원 1, 차수 2

06 (1) $a=1,\ b=-1,\ c=0$ (3) $a=3,\ b=-5,\ c=1$

07 (1) $[u]_B=(\frac{4}{3},\ 0,\ \frac{1}{3})$ (3) $[u]_B=(1,\ 0,\ 1)$

08 (1) $u_1=\begin{pmatrix}2\\1\end{pmatrix}$, $u_2=\frac{3}{5}\begin{pmatrix}-1\\2\end{pmatrix}$

(3) $u_1=\begin{pmatrix}1\\0\\0\end{pmatrix}$, $u_2=\begin{pmatrix}0\\1\\0\end{pmatrix}$, $u_3=\begin{pmatrix}0\\0\\1\end{pmatrix}$

09 (1)
$$F\left(\begin{pmatrix}x_1\\x_2\end{pmatrix}+\begin{pmatrix}y_1\\y_2\end{pmatrix}\right)=F\left(\begin{pmatrix}x_1+y_1\\x_2+y_2\end{pmatrix}\right)=\begin{pmatrix}2(x_1+y_1)-(x_2+y_2)\\(x_1+y_1)+3(x_2+y_2)\end{pmatrix}$$
$$=\begin{pmatrix}2x_1-x_2\\x_1+3x_2\end{pmatrix}+\begin{pmatrix}2y_1-y_2\\y_1+3y_2\end{pmatrix}$$
$$=F\left(\begin{pmatrix}x_1\\x_2\end{pmatrix}\right)+F\left(\begin{pmatrix}y_1\\y_2\end{pmatrix}\right)$$
$$F\left(\alpha\begin{pmatrix}x_1\\x_2\end{pmatrix}\right)=F\left(\begin{pmatrix}\alpha x_1\\\alpha x_2\end{pmatrix}\right)=\begin{pmatrix}2(\alpha x_1)-(\alpha x_2)\\(\alpha x_1)+3(\alpha x_2)\end{pmatrix}$$
$$=\alpha\begin{pmatrix}2x_1-x_2\\x_1+3x_2\end{pmatrix}=\alpha F\left(\begin{pmatrix}x_1\\x_2\end{pmatrix}\right)$$

(3)
$$F\left(\begin{pmatrix}x_1\\x_2\end{pmatrix}+\begin{pmatrix}y_1\\y_2\end{pmatrix}\right)=F\left(\begin{pmatrix}x_1+y_1\\x_2+y_2\end{pmatrix}\right)=2(x_1+y_1)+3(x_2+y_2)$$
$$=(2x_1+3x_2)+(2y_1+3y_2)$$
$$=F\left(\begin{pmatrix}x_1\\x_2\end{pmatrix}\right)+F\left(\begin{pmatrix}y_1\\y_2\end{pmatrix}\right)$$
$$F\left(\alpha\begin{pmatrix}x_1\\x_2\end{pmatrix}\right)=F\left(\begin{pmatrix}\alpha x_1\\\alpha x_2\end{pmatrix}\right)=2(\alpha x_1)+3(\alpha x_2)$$
$$=\alpha(2x_1+3x_2)=\alpha F\left(\begin{pmatrix}x_1\\x_2\end{pmatrix}\right)$$

10 (1) $\begin{pmatrix}1 & 3\\2 & 1\end{pmatrix}$ (3) $\begin{pmatrix}1 & -1 & 0\\0 & 1 & -1\end{pmatrix}$

11 (1) $\begin{pmatrix}0\\\sqrt{2}\end{pmatrix}$ (3) $\begin{pmatrix}-1\\1\end{pmatrix}$

12 (1) $\begin{pmatrix}1\\2\end{pmatrix}$ (3) $\begin{pmatrix}-1\\-2\end{pmatrix}$

연습문제 3

01 (1) -5 (3) 17

(5) 8 (7) 9

02 (1) 8 (3) 9

(5) -5 (7) -18

03 (1) 6 (3) 6

05 두 점 $(x_1,\ y_1)$과 $(x_2,\ y_2)$를 행렬식에 대입해 보아라.

07 (1) $\lambda=\pm 1$ (3) $\lambda=1,\ -2$

08 크레이머의 법칙으로 다음 연립방정식의 해를 구하라.

(1) $x=1,\ y=2$ (3) $x=3,\ y=\frac{3}{2},\ z=-1$

09 다음 행렬의 행렬식이 0이 되는 값 λ를 구하라.

(1) $\lambda=2,\ 3$ (3) $\lambda=0,\ 2,\ 3$

연습문제 4

01 (1) $2,\ 3$ (3) $0\ \ 5$

(5) 2 (7) $\pm i$

02 (1) $1,\ 4,\ 7$ (3) $-1,\ 3,\ 5$

03 (1) $1,\ 2,\ 3,\ 4,\ 7$ (3) $-1,\ 1,\ 3,\ 5$

04 (1) $1,\ 4,\ 9,\ 16,\ 49$ (3) $3,\ 4,\ 5,\ 6,\ 9$

(5) $-4,\ -3,\ -2,\ -1,\ 2$ (7) $1,\ 4,\ 9,\ 16$

05 (1) $C=\begin{pmatrix}1 & 1\\1 & -1\end{pmatrix},\ C^{-1}=\frac{1}{2}\begin{pmatrix}1 & 1\\1 & -1\end{pmatrix},$

$C^{-1}AC=\begin{pmatrix}1 & 0\\0 & 3\end{pmatrix},\ A^3=C\left(\begin{pmatrix}1 & 0\\0 & 3\end{pmatrix}\right)^3C^{-1}=\begin{pmatrix}14 & -13\\-13 & 14\end{pmatrix}$

(3) $\lambda = 2,\ 1,\ -1$에 대응하는 각각의 고유벡터는

$\begin{pmatrix} 1 \\ -1 \\ 2 \end{pmatrix}, \begin{pmatrix} 3 \\ -1 \\ 7 \end{pmatrix}, \begin{pmatrix} 1 \\ 2 \\ 2 \end{pmatrix}$임을 이용하라.

06 $A = \begin{pmatrix} 2 & -1 \\ -1 & 2 \end{pmatrix},\ u_1 = \dfrac{1}{\sqrt{2}}\begin{pmatrix} 1 \\ 1 \end{pmatrix},\ u_2 = \dfrac{1}{\sqrt{2}}\begin{pmatrix} 1 \\ -1 \end{pmatrix},$

$A = u_1 u_1^T + 3u_2 u_2^T$

연습문제 5

01 정의 5.1이 성립하는지 확인해 보라. 특히 정의 5.1의 (1)과 (5)

(1) 벡터공간 (3) 벡터공간

(5) 벡터공간 (7) 벡터공간

02 정의 5.2가 성립하는지 확인해 보라. 특히 정의 5.2의 (1)과 (2)

(1) 안 됨 (3) 됨

(5) 안 됨 (7) 됨

03 (1) $\begin{pmatrix} 1 & 4 \\ -2 & 5 \end{pmatrix} = B_1 + B_3 + B_4$

(3) $\begin{pmatrix} 2 & 8 \\ -2 & 5 \end{pmatrix} = B_1 + B_2 + 2B_3 + B_4$

04 (1) $\begin{pmatrix} 1 \\ 0 \\ -1 \end{pmatrix}, \begin{pmatrix} 0 \\ 1 \\ -1 \end{pmatrix}$ (3) $1 + x^2,\ x - 2x^2$

(5) $\begin{pmatrix} 1 & 0 \\ 0 & 0 \end{pmatrix}, \begin{pmatrix} 0 & 1 \\ 1 & 0 \end{pmatrix}, \begin{pmatrix} 0 & 0 \\ 0 & 1 \end{pmatrix}$

05 (1) 일차독립 (3) 안 됨

06 (1) 당연함

(3) $\dim(V) = \dim(W) = 6,\ \dim(D) = 3$

07 $A = \begin{pmatrix} 1 & 0 & 0 & 0 \\ 0 & 1 & 1 & 1 \\ 0 & 0 & 1 & 3 \\ 0 & 0 & 0 & 1 \end{pmatrix}$ (1) $[p]_C = \begin{pmatrix} -9 \\ 5 \\ -2 \\ 1 \end{pmatrix},\ [p]_B = \begin{pmatrix} -9 \\ 4 \\ 1 \\ 1 \end{pmatrix}$

(3) $[p]_C = \begin{pmatrix} 3 \\ 2 \\ 2 \\ 1 \end{pmatrix}$, $[p]_B = \begin{pmatrix} 3 \\ 5 \\ 5 \\ 1 \end{pmatrix}$

08 정의 5.9를 만족하는지 보여라.

09 (1) 선형변환 (3) 선형변환

10 (1) 정의 5.12를 만족하는지 보여라.

(3) $R(T) = R^2$이므로 $\{e_1, e_2\}$

11 (1) 정의 5.12를 만족하는지 보여라.

(3) 2 (5) T의 영공간은 $\{\theta\}$

12 (1) $R(T) = V$이고 $N(T) = \{\theta\}$

(3) $aT^{-1}(e^x) + bT^{-1}(e^{2x}) + cT^{-1}(e^{3x})$

13 (1) $Q = \begin{pmatrix} -4 & -2 & 0 \\ 3 & 3 & 0 \\ -1 & 2 & 3 \end{pmatrix}$

(3) $[p]_B = \begin{pmatrix} a \\ b \\ c \end{pmatrix}$, $[T(p)]_B = \begin{pmatrix} -4a-2b \\ 3a+3b \\ -a+2b+3c \end{pmatrix}$

참고 문헌

- 김광환 외 6인, **선형대수학**, 경문사, 2000
- 이광연 외 2인, **기초 선형대수학**, 한빛아카데미, 2013
- 이규봉, **Matlab으로 실습하는 수치해석학**, 경문사, 2018
- Lee W. Johnson., & R. Dean Riess., *Introduction to Linear Algebra(Addison-Wesley series in mathematics) First Edition Edition*, Addison-Wesley, 1993

찾아보기

* 이 저서는 2019학년도 배재대학교 교내학술연구비 지원에 의하여 수행된 것임.

요점만 배우는 알기 쉬운

선형대수학

지은이 이규봉
펴낸이 조경희
펴낸곳 경문사
펴낸날 2019년 12월 23일 1판 1쇄
2024년 3월 4일 1판 3쇄
등 록 1979년 11월 9일 제1979-000023호
주 소 04057, 서울특별시 마포구 와우산로 174
전 화 (02)332-2004 팩스 (02)336-5193
이메일 kyungmoon@kyungmoon.com

값 15,000원

ISBN 979-11-6073-262-7